光エレクトロニクスの基礎

桜庭一郎
高井信勝
三島瑛人

共 著

森北出版株式会社

●本書のサポート情報を当社 Web サイトに掲載する場合があります．下記の URL にアクセスし，サポートの案内をご覧ください．

http://www.morikita.co.jp/support/

●本書の内容に関するご質問は，森北出版 出版部「(書名を明記)」係宛に書面にて，もしくは下記の e-mail アドレスまでお願いします．なお，電話でのご質問には応じかねますので，あらかじめご了承ください．

editor@morikita.co.jp

●本書により得られた情報の使用から生じるいかなる損害についても，当社および本書の著者は責任を負わないものとします．

■本書に記載している製品名，商標および登録商標は，各権利者に帰属します．

■本書を無断で複写複製（電子化を含む）することは，著作権法上での例外を除き，禁じられています．複写される場合は，そのつど事前に (社)出版者著作権管理機構（電話 03-3513-6969，FAX 03-3513-6979，e-mail：info@jcopy.or.jp）の許諾を得てください．また本書を代行業者等の第三者に依頼してスキャンやデジタル化することは，たとえ個人や家庭内での利用であっても一切認められておりません．

まえがき

　遠距離通信網は光ファイバ網となり，音楽や映像を光ディスクで楽しむ時代となった．そこではレーザや光ファイバが必須のものとなっている．それらの学問的な基礎は光エレクトロニクスにあり，光エレクトロニクスはますます重要になってきている．

　本書は将来，光デバイスや光エレクトロニクスのハードウェアに携わる技術者ならびに情報通信エレクトロニクス系の大学・工学部生のための参考書・教科書として企画した．内容は光学の基礎とレーザの基礎および若干の光デバイスに絞った．これらの内容は情報通信エレクトロニクスに携わる，特にそのハードウェアに携わるエンジニアにとって必須の知識と考えている．

　本書のよって立つ基盤はマクスウェルの方程式であり，したがって，波としての性質が主であるが，一部，粒子（光子，フォトン）としての性質の説明も加えてある．粒子としての説明は，それを用いなければ説明できない場合にのみ限っている．

　なるべく容易に理解できるよう図を多用した．また数式と関連させて理解することが重要であるとの考えから数式を記載した．さらに3人の共著者が，おのおのの得意な部分を分担・執筆し，お互いに意見を交換した．すなわち，主として，桜庭が5章および6.1節，高井が1章，3章および4章，三島が2章，6.2節，6.3節，付録および参考を分担した．

　物理学では，マクスウェルの方程式，数学では，複素関数，偏微分方程式，ベクトル解析，フーリエ変換を学習済みと仮定しているので，大学・工学部の情報通信エレクトロニクス系高学年で用いるのが適切と考えている．

　2001年1月

著者ら

目　　次

第1章　光　―その概要― ………………………………………………… 1
 1.1　光は電磁波　*1*
 1.2　光の吸収と放出　*2*
 1.3　物質の導電性と光の作用　*6*
 1.4　光の二重性とコヒーレンス　*11*
演習問題　*13*

第2章　電磁波としての光 …………………………………………… 14
 2.1　光学におけるマクスウェルの方程式　*14*
 2.2　波動方程式と光速度　*17*
 2.3　平面波の電磁界　*19*
 2.4　偏　光　*23*
 2.5　光パワーと光強度　*26*
 2.6　複素指数関数表示と光強度　*28*
 2.7　スネルの法則と全反射　*29*
 2.8　フレネルの公式とブルースタの法則　*33*
演習問題　*37*

第3章　光の回折と結像 ……………………………………………… 39
 3.1　光の回折とは　*39*
 3.2　フレネル回折積分とフラウンホーファ回折積分　*40*
 3.3　1次元物体のフラウンホーファ回折　*44*
 3.4　回折格子による回折　*46*
 3.5　2次元開口のフラウンホーファ回折　*48*

3.6　ガウスビームのフレネル回折　*51*
　3.7　レンズの回折　*55*
　3.8　結　像　*59*
演習問題　*61*

第4章　光の干渉 ………………………………………… *63*
　4.1　平面波の干渉　*63*
　4.2　空間的干渉と時間的干渉　*66*
　4.3　光の干渉とコヒーレンス　*69*
　4.4　空間的および時間的コヒーレンス　*73*
演習問題　*76*

第5章　レーザの基礎 ……………………………………… *77*
　5.1　レーザ増幅　*77*
　5.2　光共振器　*91*
　5.3　レーザ発振　*106*
演習問題　*112*

第6章　光エレクトロニクスにおけるキーデバイス ……… *113*
　6.1　誘電体光導波路と光ファイバ　*113*
　6.2　半導体レーザ　*122*
　6.3　フォトダイオード　*131*
演習問題　*140*

付　録　*143*
　1．SI（国際単位）の接頭語／2．基本定数（SI unit）／3．エネルギー換算表（K, cm^{-1}, eV, Hz）／4．ベクトル演算

参　考　レーザ光の安全性基準の概要　*149*
演習問題の略解　*152*
参考文献　*163*
索　引　*165*

第1章

光 —その概要—

1.1 光は電磁波

　マクスウェルは電界と磁界の統一理論を構築し，あらゆる種類の電磁波が光速度で伝わることを導いた．また，これにより光も電磁波の仲間に属することが明らかになった．電磁波を波長あるいは振動数（周波数）が異なる成分に分けることを**分光**といい，これによって分類したものを電磁スペクトルという（図1.1）．このスペクトル分布には波長領域に応じて電磁波に名称が与えられている．その境界は必ずしも明確なものではないが，波長が数百メートルを超える**電波**から0.1 nm（10^{-10} m）程度の**X線**やそれよりも短波長の**γ線**まですべて電磁波である．その中で可視領域の光は波長が1 μmの近傍の電磁波である．

　光のスペクトル領域は電磁波の全体から見ると非常に狭帯域であるが，この

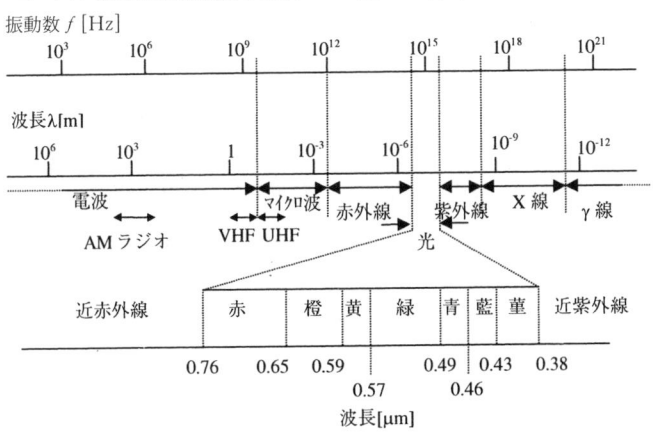

図1.1　電磁スペクトル（上図）と光スペクトル（下図）

領域はさらに人間が感じる色の分布，すなわち，光スペクトルに分けられる．われわれが色として見分けられるのは，人間が異なる波長の光を異なる色として知覚するためである．

マクスウェルの方程式から導かれるように，電磁波は電界ベクトルと磁界ベクトルが組になった波動であり，その速度（**光速度**）は真空中では一定で

$$c_0 = 2.99792458 \times 10^8 \ [\mathrm{ms^{-1}}] \tag{1.1}$$

である*．また，均一な自由空間では電磁波の電界ベクトルと磁界ベクトルは互いに垂直で，かつ進行方向に垂直に振動する．すなわち，横波である．これらはすべての波長領域の電磁波に共通の性質である．しかし，電磁波の発生，伝搬（伝送），検出およびその応用などは，電磁波と物質の相互作用のメカニズムが波長によって違うことから大きく異なっている．

> 【例題1.1】 波動の振動方向が進行方向に垂直な（したがって2つの独立な振動方向が存在する）波を横波といい，波動の振動方向が進行方向と一致する（したがって振動方向が1つしかない）波を縦波という．横波と縦波の例をあげよ．また水面上の波はどのような波か．
> 【解】 横波の例：電磁波（光波を含む）や弦の振動など．
>   縦波の例：音波など．
>   水面上の波は水分子が進行方向にも，進行方向に垂直な方向にも振動するので，横波と縦波が複合したものである．

1.2 光の吸収と放出

電波はアンテナで受信できる．これは電波の電磁界によって受信アンテナ内部の自由電子が忠実に反応し振動電流として信号が得られるからである．また，送信側では送信アンテナ内部の電子を振動させることで電波を空中に放出している．それでは光も同様に電子を振動させて発生できるかというと，これは不可能である．その理由は光の振動数が 10^{14}〜10^{15}Hz であって，いかなる電子技術を用いてもこのような高い周波数の電気振動を発生できないからである．

---

*光速度は，最も基本的な物理定数で，現在では，この数値が光速度の値として定義されている．

このため光の吸収（検出）と放出（発生）のメカニズムは電波やマイクロ波のような低い周波数の領域の電磁波とは大きく異なっている．

それでは，どのようにして光の吸収と放出がなされるかというと，それは物質内部の電子と光の電磁界の相互作用によっている．あらゆる物質は原子で構成されているから，まず最も簡単な場合として，単一の孤立原子に光が照射された場合を考えよう．周知のごとく，どの元素の原子にも中心に陽子を含む核（**原子核**）があり，その周りに陽子数と同数の**電子**が配置されている．すべての原子はこのような構造をもっているので，全体では電気的に中性である．しかしもっとミクロに立ち入ってみると，その内部や周辺にはプラスの陽子とマイナスの電子（群）によって形成されるミクロな電磁界分布が存在する．原子に光が作用するということは，このようなミクロな電磁界に光の振動電磁界が重なって影響を与えることである．このとき，光の電磁界は電子の状態に強く影響するが，陽子への影響は無視できる．その理由は，原子構造の電子配置が基本的に**殻構造**であることと，陽子の質量が電子の約2,000倍も大きいためである．

量子力学の教えるところによると，電子の状態変化はエネルギーの変化として説明され，任意のエネルギー状態は許されず，許されるエネルギー状態はとびとびの（離散的な）値となる．これは，自然のままの**安定状態**（**定常状態**という）にある電子が光の電磁界で状態変化したあとでも原子として安定できる特定の定常状態が保たれなければならないからである．その結果，電子のとり得るエネルギーは離散的な値に限られる．

図1.2にアルゴン原子Arの電子配置を模式的に示す．ここでいう電子配置とは電子の空間的な配置を意味するのではなく，エネルギーの等しい電子が殻状に存在することを示している．すなわち，アルゴン原子の場合には，最もエネルギーの低い状態の2個の電子はK殻と呼ばれる殻を形成し，次のレベルの8個の電子がL殻，最外殻の8個の電子がM殻を形成する．そして，K, L, M, …の異なる殻に属する電子のエネルギーは異なっており，かつ離散的である．

このような電子配置にある電子が光の電磁界の影響を受けると，いくつかの電子は元の状態から異なるエネルギー状態に変化する．この変化を遷移といい，

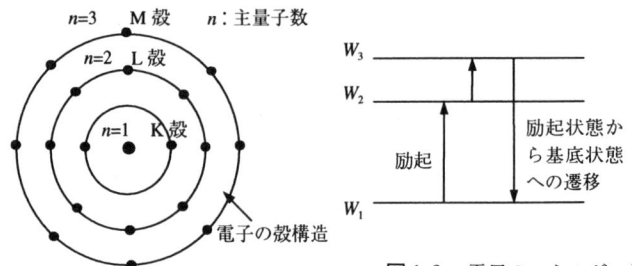

図1.2 原子内電子の殻構造（Ar原子の場合）

図1.3 電子のエネルギー準位とその間の遷移

図1.3に示すようなエネルギー準位図を用いて説明される．ボーア（N. Bohr）の振動数条件によると，入射する光の振動数（周波数ともいう）が

$$f = \frac{W_2 - W_1}{h} \tag{1.2}$$

のときのみ，電子が**エネルギー準位** W_1 から W_2 へ遷移する．ここで，h はプランク定数で $h = 6.63 \times 10^{-34}$ J·s である．この遷移はまた，電子の側からは電子の**励起**，光の側からは原子（物質）による光の**吸収**と呼ばれる．電子のエネルギー準位は物質によって決まっているので，吸収される光の振動数は物質によって異なる．このように原子によって形成される電磁界は特定の振動数の電磁界のみを電子のエネルギーとして取りこむ．これは，ちょうど音叉が固有の振動数の音波に共鳴することと同様である．そのため，電子の状態変化を記述するとき，物質中には光の振動数に共鳴する数多くの振動子が存在するモデルが多くの場合用いられる（図1.4参照）．

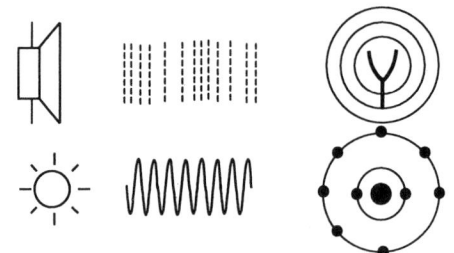

図1.4 音叉は音波に共鳴し，原子は光波に共鳴する．

逆に，高いエネルギー準位 W_2 にある電子が，低いエネルギー準位 W_1 へ遷

移すると，電子が失うエネルギーは式(1.2)の振動数をもつ光として放出される．これが光の発生の基本的な過程である．ここでは，簡単のために，2つのエネルギー準位間の遷移を考えたが，離散的なエネルギー準位はいくつも存在する．原子や分子内の電子がどのような準位をとり得るかは，白色光を照射したときの吸収スペクトルを観測することで明らかにされている．電子の励起は，紫外線のような振動数の高い電磁波により起きたときには，いくつかの準位を飛び越えて起きる．このときには励起状態からエネルギーレベルの低いいくつもの状態へ遷移し得る．図1.3のエネルギー準位図でいうと，電子が一度に準位 W_3 に励起されたときには $W_3 \to W_1$ と $W_3 \to W_2$ の2つの遷移が可能で，おのおのの過程で異なる振動数の光が放出される．蛍光灯管はこのような過程を応用して白色光を発生している．

電子の励起は光だけではなく，原子や電子の衝突でも起きるし，結晶格子の熱振動でも可能である．たとえば，燃焼という現象は激しく飛び交う気体分子が猛烈な速度で衝突し，原子にエネルギーを与えるとともに原子内電子を励起する．その結果，物質が高温になり，同時に励起状態からの遷移が起きて光を放出する．また，白熱電灯では，フィラメントに電流を通したときのジュール熱によって物質内部の電子を励起し，その励起状態からエネルギーレベルの低い状態への遷移によって光を放出している．これらの光や太陽光などの自然の光の発生源は，以上の理由で熱的光源と呼ばれる．

これに対して，**レーザ光**は熱的な光とはまったく異なる特性の光である．これは，上で述べた電子の励起と励起準位からの遷移を人為的に制御して得られた人工的な光である．**レーザ**では，まず，高いエネルギー準位に多数の電子が励起され，その後の励起準位からの遷移が歩調を合わせて集団的に生じるように工夫されている（**誘導放出**）．また，電気信号や電波の発振と同様な考えのもとで，放出された光を2つの反射鏡間でフィードバックさせ，特定の振動数の位相が一致した光を選択的に増幅している（光共振器）．このようにして得られたレーザ光は，ほぼ単一の振動数で振動する光波である．

【例題1.2】 白い色は可視光のすべての振動数の光が含まれているときに人間の眼が感じる色であり，赤い色はおおよそ 4.5×10^{14} Hz（波長約 $0.6\,\mu$m）の振動

数の光だけがあるときに人間の眼が感じる色である．可視光のうち 4.5×10^{14} Hz 前後の周波数の光のみを反射し，他の周波数成分を吸収してしまう物質に白色光を照射すると何色に見えるか．その理由も述べよ．この光（電磁波）の振動数は，電子レンジで用いられる周波数（約 2.4 GHz）の何倍か．

【解】　その物質からは大略 4.5×10^{14} Hz の光しか出てこない（その他の光は吸収される）ので赤色に見える．

$$\frac{(赤い色の周波数)}{(電子レンジの周波数)}=\frac{4.5\times10^{14}}{2.4\times10^{9}}\fallingdotseq 1.87\times10^{5}\fallingdotseq 187{,}000 \quad(倍)$$

1.3　物質の導電性と光の作用

　表面をよく研磨した金属に光を照射するとよく反射するので鏡になる．しかし，ガラスのような絶縁体に光を照射すると一部は反射するが大部分は透過する．また，多くの半導体は半透明である．このような現象の違いは，やはり，物質内部の電子と光の相互作用に密接に関係している．前述したように，物質に光を照射するということは，電磁波としての電磁界が原子に作用することにほかならない．

　ところで物質が導電的か絶縁的かの電気的特性は物質中を移動できる電子，すなわち，**自由電子**（**伝導電子**ともいう）の数によって決まる．図 1.5 は原子配列中の自由電子の存在を模式的に示したものである．金属では原子配列（結晶格子）が埋もれるほど数多くの自由電子が存在し，他方，**絶縁体**では原子配

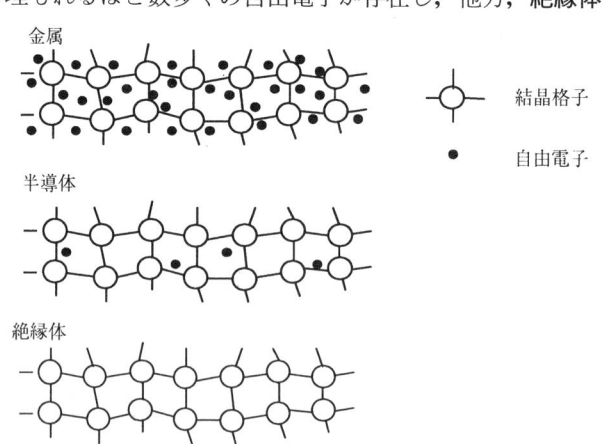

図 1.5　物質中の原子配列と自由電子

1.3 物質の導電性と光の作用

列の結合にすべての電子が関わっていて理想的には自由電子は存在しない．また，**半導体**では，格子の熱振動や光照射によって自由電子が発生する．

これらの固体の違いによる電子のエネルギー準位図の概略を図1.6に示す．この図のエネルギー準位は図1.3で示した単一原子の場合とは次の点で異なっている．すなわち，図1.3ではエネルギー準位は一本の線で示されたが，原子が接近した固体になると，数多くの準位が束状に集まって，図1.6のような**エネルギー帯**（バンド）が形成される．固体は原子が結合して構成されるが，この結合（共有結合やイオン結合など）に直接関与する電子は**価電子**と呼ばれ，それらが占めるエネルギー帯は**価電子帯**と呼ばれる．一方，結合に関与せずに固体内を自由に動き回ることのできる電子は自由電子で，これが占めるエネルギー帯が**伝導帯**である．自由電子は外部から電界が印加されると電流としてその固体内を流れることができる．図に見られるように，価電子帯と伝導帯の間には**禁制帯**と呼ばれる領域があり，いかなる電子もこの範囲のエネルギーを持ち得ない．物質が導電性を有するかどうかは伝導帯のエネルギーをもった自由電子が存在するかどうかによって決まる．

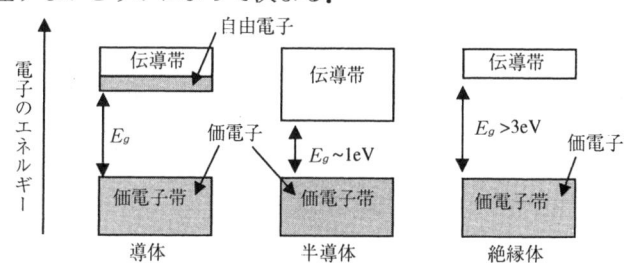

図1.6 導体，半導体（真性半導体），絶縁体を説明するバンド構造

（1） 金属と光

多くの金属が良導体であるのは，金属結合において結合に関わる価電子のほかに自由電子がはじめから存在するからである．一般に，金属表面は等電位で，内部に電界が存在しないのは自由電子が互いに反発して均一に分布するからである．これに光を照射すると，自由電子は光の電磁界にさらされるが，この場合は光の振動する電磁界を打ち消すように自由電子が振動し，この振動によって電子が入射光と同じ振動数スペクトルの光を放出する．これが光の反射である．この場合の光の放出は，入射光によって電子の振動がつくり出される点を

除けば，アンテナからの電波の放射と同様である．なお，光の電界の振動方向（偏波面）が金属表面に平行なとき，反射光は強くなり，そうでないときには弱くなる．これは，前者の場合に最も効率的に自由電子の振動が起きるからである（反射光の偏波依存性）．このように，光の反射は金属表面近くの自由電子の振動によるもので，光は金属内部までは入り込めない．金属が光に対して不透明な理由はこのためである．

一方，金属は高温に熱するとその温度に対応して発光する．このときの光の放出は，格子の熱振動で励起された内殻電子の遷移によるもので，温度が高いときほど数多くのエネルギー準位間で遷移する．その結果として全体の放出光は種々の振動数の光を含み白色味を帯びる．このように，金属と光の関係では，自由電子による反射現象と高温での発光現象は異なるメカニズムで説明される．

(2) 絶縁体と光

一方，絶縁体であるガラスや多くのプラスチックは光をよく通す透明体である．これは金属とは異なり，物質中に自由電子が存在しないためである．また，このことによって光の電磁界は構成原子中のすべての電子に作用する．しかし，絶縁体では電子はすべて原子配列の結合に関わっていて，核に強く束縛されている．そのような電子を束縛電子と呼ぶ．束縛電子のエネルギーは低く価電子帯に位置する．可視光のエネルギーがおよそ $W=1.7\,\mathrm{eV}\sim3\,\mathrm{eV}$（eV は電子ボルトで $1[\mathrm{eV}]=1.602\times10^{-19}[\mathrm{J}]$）程度であるのに対して，図 1.6 に示されているように，絶縁体の禁制帯幅（エネルギーギャップ）E_g は通常 3 eV 以上であるため，価電子帯の電子を伝導帯に励起することはできない．すなわち，光のエネルギーでは結合に関わっている電子を自由にできない．ただ，原子配列の結合を損なわない範囲で束縛電子と光は相互作用し，これを繰り返して光は結晶内を透過する．このとき，この相互作用の程度によって結晶内の光速度は真空中よりも小さな値になる．この結果，

$$n=\langle 真空中の光速度\rangle/\langle 媒質中の光速度\rangle$$

で定義される屈折率は，伝搬媒質に依存して 1 より大きな値になる．表 1.1 は代表的なナトリウム D 線（波長 $0.589\,\mu\mathrm{m}$）に対する透過媒質の屈折率である．

石英ガラスやダイヤモンドなどの絶縁体と比べて，半導体であるシリコンやゲルマニウムの屈折率は大きい．これは，後述するように，半導体では光と電

1.3 物質の導電性と光の作用

表 1.1 屈折率（標準空気と石英ガラス以外は温度が 20℃の場合）

標準空気	1.000277　（15℃）
水	1.3330
石英ガラス	1.4585　　　（18℃）
ダイヤモンド	2.4195
ケイ素（シリコン）	3.448
ゲルマニウム	4.092

子の相互作用が著しいことによっている．なお，（標準）空気の屈折率はほとんど1に近い値である．そのため，大気中の光速度として，多くの場合，真空中の光速度が用いられる．

（3） 半導体と光

電気伝導度 σ が導体と絶縁体の中間にあって，およそ σ が常温で $10^6 \sim 10^{-8}$ $\Omega^{-1} \mathrm{m}^{-1}$ 程度のものを**半導体**という．その中で，特に光の吸収や放出に関係するものを光半導体という．その代表的なものがシリコンやゲルマニウムであり，これらの価電子帯と伝導帯間の禁制帯幅はおよそ 1 eV 程度である（表 6.2 参照）．式(1.2)から 1 eV のエネルギー差の電子の励起は，近赤外光や可視光によって可能であることがわかる．

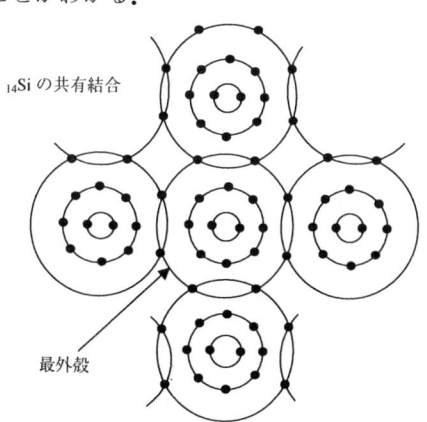

図 1.7　$_{14}$Si 結晶の電子配列の模式図

ここでは，電子の状態変化を，代表的な光半導体である純粋なシリコン結晶（真性半導体）を例にとり説明する．図 1.7 はシリコン結晶の原子配列を模型

的に平面に描いたものである．シリコンは原子番号 14 の元素で，核の周りに 14 個の電子を有する．電子配置は最内殻に 2 個，次の殻に 8 個，そして最外殻に 4 個である．最外殻は 8 個の電子が納まって安定状態になるので，シリコン結晶では隣接する 4 個の原子の最外殻電子をお互いに共有することで結晶を構成している（共有結合）．この場合，価電子とは最外殻の電子であり，これが光の照射を受けると，そのエネルギーを受け取って親元の原子の束縛から解放され，結晶内を動き回れる自由電子（伝導電子）に変化する．これが，結晶内電子の励起の実体である．

このように励起されたあとには別の電子が納まることができる空席が残される．これを**ホール**（hole, **正孔**）という．ホールには別のところからの価電子帯の電子が入り込み，その抜けたあとのホールにまた別の電子が入るというように，ホール自体も移動する．結晶に外部回路を接続して，電界をかけると，自由電子が電流として取り出される．これと同時に，ホールは全体として自由電子とは逆方向に移動する電流になる．

純粋な Si 結晶に微量の燐 P やヒ素 As などを混入すると，Si 原子の一部はこれらの原子に置き換えられる．このとき，Si は周期律表で IV 族で，P や As は V 族の原子であるので，共有結合において電子 1 個が過剰で，この電子は容易に伝導帯に励起できる（**n 形半導体**）．すなわち，伝導帯に近いレベルにエネルギー準位をもつ電子である．また，ホウ素 B などの III 族の原子で置き換えると，電子 1 個が不足した形で共有結合がなされる．そのためわずかのエネルギーで価電子帯の電子がその電子 1 個が不足した共有結合に参画し，その価電子帯の抜けた跡がホールとなる（**p 形半導体**）．そして，このホールには隣接する原子の価電子帯にある電子がエネルギーのやりとりなしで移動することができる．このような**不純物半導体**では，数十 meV 程度のエネルギーをもつ赤外線や熱によって電子が励起される．

半導体結晶中での光の吸収と放出は，やはり電子の励起と励起状態からの遷移に基づくわけであるが，この場合には，結晶格子との運動量のやりとりも生じ得る．励起状態からエネルギーレベルの低い状態への遷移の際に結晶の格子振動にも運動量をあたえる場合を**間接遷移**といい，そうでない場合を**直接遷移**という．遷移する確率は直接遷移の方が大きく，結果として，間接遷移による

光の放出はわずかしか起こらない．そこで，発光ダイオードや半導体レーザでは直接遷移が起きるように種々の工夫がこらされている．

> **【例題 1.3】** 光の放出や吸収が効率的に起こるための条件を列挙せよ．
> **【解】** その光のエネルギーに相当するだけエネルギー差のある2つのエネルギー準位が存在することが必須である．放出のためには下の準位と比較して上の準位に数多くの電子が存在すること，吸収のためには上の準位と比較して下の準位に数多くの電子が存在することが必要である．さらにそれら2つの準位間の遷移が，運動量の変化を伴う間接遷移に比べて遷移する（放出あるいは吸収が起こる）確率が高い直接遷移であると効率的に放出や吸収が起こる．

1.4 光の二重性とコヒーレンス

最初に，光は電磁波である，と述べたが，光がいつも波動として観測されるわけではない．光は原子内部の電子のエネルギー遷移によって放出されるから，いくつかの電子が時間をおいて遷移すると，図1.8(a)に示すような有限な時間幅をもつ**波束**（wave packet）として光が放出される．光の振動数は非常に高く，この電磁界の振動を忠実に検出できるものは存在しない．そのため，現実には光の振動周期に比べて十分長い時間にわたって平均された時間平均強度（これは光の単位時間当たりのエネルギーに比例する）が検出されるので，連なる波束の検出強度は，ポツンポツンというように不連続に観察されるであろう．このような粒子的な振る舞いを表現するため**光子**（photon）という名前が用いられる．すなわち，光子は1個の電子から放出される電磁波のエネルギ

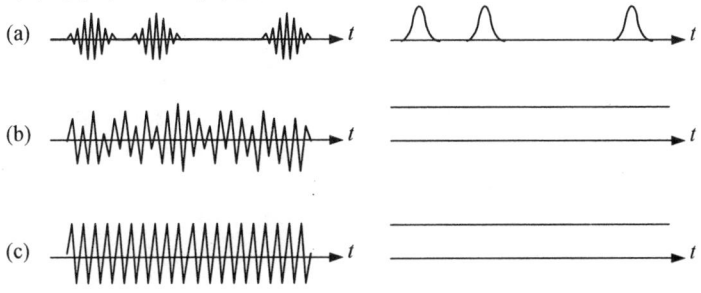

図1.8　(a)波束，(b)インコヒーレント光，(c)コヒーレント光の波形（概念図）とおのおのの時間平均強度（右図）

一の塊と考えてよく，極微弱光で顕著に観測される．このように，電磁波である光が検出条件によっては粒子的に観測される．これを**光の二重性**と呼んでいる．

通常は励起された多くの電子が独立に光を放出する（**自然放出**）．そのため同図（b）のように，波束が重なり合った光波になる．この光波は，多数の電子が時刻も電磁界の振動方向もランダムに次々と遷移した結果で，振幅も位相もランダムである．一方，レーザ光のように，多数の電子が足並みをそろえて**誘導放出**し，それから特定の方向にかつ特定の波長（したがって，特定の振動数）の光を選択して取り出された光は，同図（c）のように，純粋に波動的である．しかし，ランダム波形の光波も正弦的な光波も，時間平均強度は状況が定常的である限りは一定である．つまり，（b）も（c）も一定の明るさとして観測される．

両者の相違は光波を用いた干渉実験に現れる．すなわち，ランダムな形の光波どうしで光の干渉を行っても干渉縞は観測されない．それが鮮明に観測されるのは，規則性をもつ正弦的な波形の光の場合である．干渉現象が明瞭に観測できる光波を**コヒーレントな光**（可干渉性の光）といい，干渉現象を観測できない光波を**インコヒーレントな光**（非可干渉性の光）という．太陽光や電灯の光などの熱的光源からの光は，多くの場合，そのままではインコヒーレントな光である．一方，レーザ光はコヒーレントな光である．しかし，一般的には，光波はこれらの両極端の中間の状態にある．このような光波の可干渉性の特性は光のコヒーレンスと呼ばれ，これを探ることで光波の性質が明らかにされる．

【例題 1.4】 電磁波（光）の粒子性は電磁波と物質のエネルギー授受が，hf の整数倍単位で行われるところに顕著に表れる（5.1節参照）．ただし，h はプランクの定数で，f は電磁波の周波数である．したがって，光のエネルギー粒子（光子）1個は hf のエネルギーを持つと表現する．持続時間 $1\mu s$，ピーク電力 $1\mu W$ の電磁波パルス1個が物質に吸収されたとすると吸収された光子の個数を求めよ．周波数 f が 4.5×10^{14} Hz（赤い色の光の場合）と 2.4 GHz（電子レンジで用いる電磁波）の場合を比較せよ．

【解】 $f = 4.5 \times 10^{14}$ Hz の場合：$\dfrac{1 \times 10^{-6} \times 10^{-6}}{6.63 \times 10^{-34} \times 4.5 \times 10^{14}} \fallingdotseq 3.35 \times 10^{6}$ 個

$$f = 2.4\,\text{GHz の場合}: \frac{1 \times 10^{-6} \times 10^{-6}}{6.63 \times 10^{-34} \times 2.4 \times 10^9} \fallingdotseq 6.28 \times 10^{11} \text{ 個}$$

演習問題

1.1 ① マクスウェルは電磁波の伝搬速度（光速度）c が次式で与えられることを導いた．

$$c = \frac{1}{\sqrt{\varepsilon\mu}}$$

ここで，ε と μ は伝搬媒質の誘電率と透磁率で，真空中では $\varepsilon = 8.854187819 \times 10^{-12}\,\text{Fm}^{-1}$，$\mu = 4\pi \times 10^{-7}\,\text{Hm}^{-1}$ である．真空中の光速度の値を単位に留意して求めよ．

② 長さの基本単位である「1 m」は，現在では，真空中の光速度を用いて定義されている．どのように定義できるかを述べよ．

1.2 図 1.3 のエネルギー準位図において，エネルギー W が $W_2 < W < W_3$ であるような光が入射したときに，電子は励起されるか，答えよ．

1.3 水銀ランプは，真空中での波長が 0.5461 μm の緑色の光を強く放出する．この光を放出する 2 つのエネルギー準位の間隔は何 eV か．ただし，$1\,\text{eV} = 1.602 \times 10^{-19}\,\text{J}$ である．また，1 eV 低いエネルギー準位への遷移が起きると，放出される光（電磁波）の真空中での波長はいくらか．

第 2 章
電磁波としての光

　第1章で述べたように，多くの場合，光は粒子ではなく波動と考えて説明できる．ここでは電界（electric field）と磁界（magnetic field）が一組となって空間あるいは媒質を伝搬していく波動，すなわち，**電磁波**（electromagnetic wave）または**光波**（optical wave）について学ぶ．

　電磁波は**電界ベクトル**，**磁界ベクトル**，**電束密度**（electric flux density）**ベクトル**，**磁束密度**（magnetic flux density）**ベクトル**，**電流密度**（current density）**ベクトル**によって表され，空間あるいは媒質を伝搬していく．ここでは，これらの5つのベクトルの間に成立する**マクスウェルの方程式**（Maxwell's equations）を光学の立場から説明する．マクスウェルの方程式の導出に関しては，電磁気学に関する本，また，関係するベクトル演算については巻末の付録4を参照されたい．

2.1　光学におけるマクスウェルの方程式

　一般に光学や光エレクトロニクスで扱うのは波長が $0.4 \sim 0.8\,\mu\mathrm{m}$ の可視光と $1.5\,\mu\mathrm{m}$ 程度までの近赤外線である．これらの周波数は非常に高い（数百THz）．また媒質は，真空，大気，ガラス，プラスチックのような誘電体であり変位電流は流れるが，真電荷はなく，伝導電流は流れない（電流密度ベクトル $\boldsymbol{J}=0$）．これらにより光学あるいは光エレクトロニクスで用いられるマクスウェルの方程式は簡単になる．つまり，電界を $\boldsymbol{E}$，磁界を $\boldsymbol{H}$，電束密度を $\boldsymbol{D}$，磁束密度を $\boldsymbol{B}$ とすると，これら4つのベクトルの間の関係を与えるマクスウェルの方程式は，SI 単位系（SI unit）では

$$\mathrm{rot}\,\boldsymbol{H} \equiv \nabla \times \boldsymbol{H} = \frac{\partial \boldsymbol{D}}{\partial t} \tag{2.1}$$

2.1 光学におけるマクスウェルの方程式

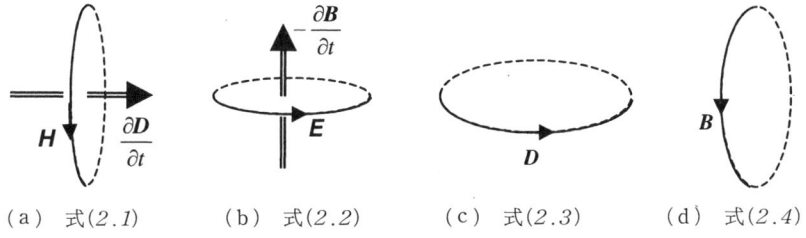

(a) 式(2.1)　(b) 式(2.2)　(c) 式(2.3)　(d) 式(2.4)

図2.1 光学におけるマクスウェルの方程式の概念図

$$\text{rot } \boldsymbol{E} \equiv \nabla \times \boldsymbol{E} = -\frac{\partial \boldsymbol{B}}{\partial t} \tag{2.2}$$

$$\text{div } \boldsymbol{D} \equiv \nabla \cdot \boldsymbol{D} = 0 \tag{2.3}$$

$$\text{div } \boldsymbol{B} \equiv \nabla \cdot \boldsymbol{B} = 0 \tag{2.4}$$

で表される．式(2.1)は電束密度 $\boldsymbol{D}$ の時間変化があるとループ状の磁界 $\boldsymbol{H}$ が存在し，また式(2.2)は磁束密度 $\boldsymbol{B}$ の時間変化があるとループ状の電界 $\boldsymbol{E}$ が存在することを示している．式(2.3)は真電荷がないため電束密度 $\boldsymbol{D}$ は始点・終点がない（閉ループを描くかまたは無限遠まで続く）ことを示し，式(2.4)は真電荷に相当する磁荷がないため磁束密度 $\boldsymbol{B}$ にも始点・終点がないことを示している．

媒質中の電磁界の $\boldsymbol{E}$ と $\boldsymbol{D}$，および $\boldsymbol{H}$ と $\boldsymbol{B}$ はそれぞれ媒質の特性を示す2つの係数，**誘電率** ε (dielectric constant) および**透磁率** μ (magnetic permeability) によって

$$\boldsymbol{D} = \varepsilon \boldsymbol{E} \tag{2.5}$$

$$\boldsymbol{B} = \mu \boldsymbol{H} \tag{2.6}$$

と関係づけられる．特に，媒質が真空であるときには電磁気学の基本物理定数である真空の誘電率 $\varepsilon_0 = 8.854 \times 10^{-12}\,\text{Fm}^{-1}$，真空の透磁率 $\mu_0 = 4\pi \times 10^{-7}\,\text{Hm}^{-1}$ を用いる．媒質の透磁率 μ は，光のように周波数の高い電磁波に対しては，真空の透磁率 μ_0 と等しいとみなせる．

したがって，マクスウェルの方程式を解く問題は，式(2.5)および式(2.6)も考慮に入れて，電界 $\boldsymbol{E}$ あるいは磁界 $\boldsymbol{H}$ を空間座標と時間の関数として求めることに帰着する．

【例題2.1】（1） 全空間に一定の電束密度 $\boldsymbol{D}$ が存在するとき（$\boldsymbol{D}$ に始点や終点がない），式(2.3)が成立することを確かめよ．

（2） 伝導電流がなく，z 軸を中心とする半径 r の内側に $+z$ 軸方向へ変位電流密度 $\frac{\partial}{\partial t}(\hat{z}D_z)$ が流れているとき，xy 平面上で z 軸から r だけ離れた点での磁界 $\boldsymbol{H}$ はループ状の磁界であり，アンペールの法則から求められる．その大きさは

$$2\pi r H = \pi r^2 \frac{\partial D_z}{\partial t} \quad \text{すなわち} \quad H = \frac{r}{2}\frac{\partial D_z}{\partial t}$$

となる．またその方向を考えると

$$\boldsymbol{H}(x,y) = \frac{r}{2}\frac{\partial D_z}{\partial t}(-\hat{\boldsymbol{x}}\sin\theta + \hat{\boldsymbol{y}}\cos\theta)$$

となる．ただし，$\hat{\boldsymbol{x}}$, $\hat{\boldsymbol{y}}$, $\hat{\boldsymbol{z}}$ はそれぞれ，x, y, z 軸方向の単位ベクトルであり，

$$\boldsymbol{r} = r(\hat{\boldsymbol{x}}\cos\theta + \hat{\boldsymbol{y}}\sin\theta), \quad r\cos\theta = x, \quad r\sin\theta = y$$

である．この変位電流と磁界とが式(2.1)を満足することを確かめよ．

【解】（1） $\boldsymbol{D}$ が一定であるということはその x, y, z 成分である D_x, D_y, D_z も一定であるということである．このとき，

$$\frac{\partial D_x}{\partial x} = \frac{\partial D_y}{\partial y} = \frac{\partial D_z}{\partial z} = 0$$

であるから

$$\text{(左辺)} = \nabla \cdot \boldsymbol{D} = \left(\hat{\boldsymbol{x}}\frac{\partial}{\partial x} + \hat{\boldsymbol{y}}\frac{\partial}{\partial y} + \hat{\boldsymbol{z}}\frac{\partial}{\partial z}\right)\cdot(\hat{\boldsymbol{x}}D_x + \hat{\boldsymbol{y}}D_y + \hat{\boldsymbol{z}}D_z)$$

$$= \frac{\partial D_x}{\partial x} + \frac{\partial D_y}{\partial y} + \frac{\partial D_z}{\partial z} = 0 = \text{(右辺)}$$

（2） $\text{(左辺)} = \nabla \times \boldsymbol{H}$

$$= \left(\hat{\boldsymbol{x}}\frac{\partial}{\partial x} + \hat{\boldsymbol{y}}\frac{\partial}{\partial y} + \hat{\boldsymbol{z}}\frac{\partial}{\partial z}\right) \times \frac{r}{2}\frac{\partial D_z}{\partial t}(-\hat{\boldsymbol{x}}\sin\theta + \hat{\boldsymbol{y}}\cos\theta)$$

$$= \frac{1}{2}\frac{\partial D_z}{\partial t}\left(\hat{\boldsymbol{x}}\frac{\partial}{\partial x} + \hat{\boldsymbol{y}}\frac{\partial}{\partial y} + \hat{\boldsymbol{z}}\frac{\partial}{\partial z}\right) \times (-\hat{\boldsymbol{x}}y + \hat{\boldsymbol{y}}x)$$

$$= \frac{1}{2}\frac{\partial D_z}{\partial t}\left(0 + \hat{\boldsymbol{z}}\frac{\partial x}{\partial x} + \hat{\boldsymbol{z}}\frac{\partial y}{\partial y} + 0 - \hat{\boldsymbol{y}}\frac{\partial y}{\partial z} + \hat{\boldsymbol{x}}\frac{\partial x}{\partial z}\right)$$

$$= \frac{1}{2}\frac{\partial D_z}{\partial t}2\hat{\boldsymbol{z}} = \hat{\boldsymbol{z}}\frac{\partial D_z}{\partial t} = \frac{\partial \boldsymbol{D}}{\partial t} = \text{(右辺)}$$

2.2 波動方程式と光速度

（1） 波動方程式

式(2.2)の両辺に $\nabla\times$ を作用させ，式(2.6)を用いると

$$\nabla\times\nabla\times E = -\mu_0\nabla\times\frac{\partial H}{\partial t} \tag{2.7}$$

を得る．この式の左辺にベクトル公式

$$\nabla\times\nabla\times V = \nabla(\nabla\cdot V) - \nabla^2 V \quad (V\text{ は任意のベクトル})$$

を用い，右辺では空間微分と時間微分の順序を交換し，式(2.1)を適用すると，

$$\nabla(\nabla\cdot E) - \nabla^2 E = -\mu_0\frac{\partial}{\partial t}\left(\frac{\partial D}{\partial t}\right) \tag{2.8}$$

が得られる．媒質が一様で誘電率 ε が時間にも場所にも依存しない場合には式(2.5)と式(2.3)を用いて，電界についての式

$$\nabla^2 E = \mu_0\varepsilon\frac{\partial^2 E}{\partial t^2} \tag{2.9}$$

を得る．同様に μ_0 は時間にも場所にも依存しないので，磁界についての式

$$\nabla^2 H = \mu_0\varepsilon\frac{\partial^2 H}{\partial t^2} \tag{2.10}$$

が得られる．式(2.9)と式(2.10)はそれぞれ電界 E と磁界 H が波動として伝搬していくことを表しているので**波動方程式**（wave equation）という．

これを図2.1に沿って考えてみよう．空間的に一様ではない電束密度 D が存在し移動しているものと仮定する．空間上のある点でこの D を考えると D には時間変化があるのでその点には式(2.1)にもとづいて磁界 H が発生し（図2.1(a)参照），式(2.6)によって磁束密度 B が発生する．D は移動しているから，H，したがって B も移動する．空間上のある点で，この B を見ると移動により時間変化を生じるから式(2.2)にもとづいてその点に電界 E（図2.1(b)参照），したがって式(2.5)により電束密度 D が発生する．このように一度移動する D が発生すると移動する H, B, E が発生する．つまり電磁界は伝搬する．

式(2.9)は電界ベクトルの各成分に関して成立する．たとえば電界 E の x 成分 E_x に対しては

$$\nabla^2 E_x \equiv \left(\frac{\partial^2}{\partial x^2} + \frac{\partial^2}{\partial y^2} + \frac{\partial^2}{\partial z^2}\right) E_x = \mu_0 \varepsilon \frac{\partial^2}{\partial t^2} E_x \qquad (2.11)$$

と書ける．このことは，磁界 H についても同様である．

（2） 光速度

E_x が時間 t に関して角振動数 ω で正弦波状に振動し，かつ z 方向に光速度 c で伝搬する場合，

$$E_x = E_{x0} \cos\left\{\frac{\omega}{c}(ct - z) + \phi\right\} \qquad (2.12)$$

と表される．ここで E_{x0}, ϕ は定数である．上の式を波動方程式(2.11)へ代入すると

$$(\text{左辺}) = -\left(\frac{\omega}{c}\right)^2 E_{x0} \cos\left\{\frac{\omega}{c}(ct - z) + \phi\right\} \qquad (2.13)$$

$$(\text{右辺}) = -\mu_0 \varepsilon \omega^2 E_{x0} \cos\left\{\frac{\omega}{c}(ct - z) + \phi\right\} \qquad (2.14)$$

となるから，光速度 c が

$$\frac{1}{c^2} = \mu_0 \varepsilon \quad \text{すなわち} \quad c = \frac{1}{\sqrt{\mu_0 \varepsilon}} \qquad (2.15)$$

であることが得られる．いいかえると式(2.15)で与えられる光速度 c に対して式(2.12)は波動方程式の解である．

光速度は媒質の誘電率に依存するが，真空中の光速度 c_0 は，$\varepsilon_0 = 8.854 \times 10^{-12}\,\mathrm{Fm^{-1}}$ および $\mu_0 = 4\pi \times 10^{-7}\,\mathrm{Hm^{-1}}$ を用いて，$c_0 = (\varepsilon_0 \mu_0)^{-1/2} = 2.998 \times 10^8\,\mathrm{ms^{-1}}$ となる．

ところで，E_x が時間に関して正弦波状の振動をする場合，$K = \omega/c$ とおくと，波動方程式(2.11)は，

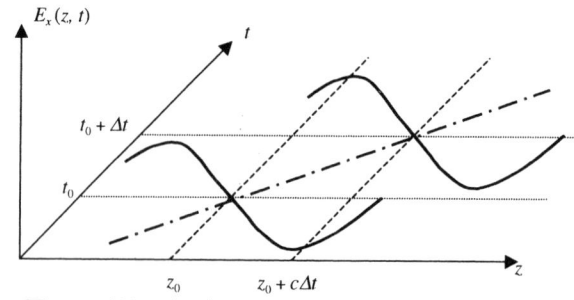

図2.2 電界 $E_x(z, t)$ の伝搬（時間 Δt の間に $c\Delta t$ 伝搬する）

$$\nabla^2 E_x + K^2 E_x = 0 \left(K = \frac{\omega}{c} \right) \tag{2.16}$$

と書ける．K を**波数**，あるいは**伝搬定数**（propagation constant）という．これを**ヘルムホルツの式**（Helmholtz's equation）と呼ぶ．まったく同様の式が磁界に対しても成立する．

【例題 2.2】 $c = (\mu_0 \varepsilon)^{-1/2}$ のとき，電界 $\boldsymbol{E}$ が x 成分のみをもち $(ct - z)$ のみの関数であるとき，すなわち
$$\boldsymbol{E}(x, y, z) = \hat{\boldsymbol{x}} E_x(ct - z)$$
であるとき，この関数は式 (2.9) の解であることを示せ．なお，この解を z 方向に伝搬するダランベールの解という．

【解】 $u = ct - z$ と置くと

$$\text{(左辺)} = \nabla^2 \boldsymbol{E} = \hat{\boldsymbol{x}} \frac{\partial^2}{\partial z^2} E_x(ct - z)$$

$$= \hat{\boldsymbol{x}} \frac{\partial}{\partial z} \left\{ \frac{\partial}{\partial u} E_x(u) \frac{\partial u}{\partial z} \right\} = \hat{\boldsymbol{x}} \frac{\partial}{\partial z} \left\{ -\frac{\partial}{\partial z} E_x(u) \right\}$$

$$= \hat{\boldsymbol{x}} \frac{\partial^2}{\partial u^2} E_x(u)$$

一方，

$$\text{(右辺)} = \mu_0 \varepsilon \frac{\partial^2}{\partial t^2} \{ \hat{\boldsymbol{x}} E_x(ct - z) \}$$

$$= \mu_0 \varepsilon \hat{\boldsymbol{x}} \frac{\partial}{\partial t} \left\{ \frac{\partial}{\partial u} E_x(u) \frac{\partial u}{\partial t} \right\}$$

$$= \mu_0 \varepsilon c \hat{\boldsymbol{x}} \frac{\partial}{\partial t} \frac{\partial E_x(u)}{\partial u}$$

$$= \mu_0 \varepsilon c^2 \hat{\boldsymbol{x}} \frac{\partial^2 E_x(u)}{\partial u^2} = \hat{\boldsymbol{x}} \frac{\partial^2 E_x(u)}{\partial u^2}$$

$$\therefore \text{(左辺)} = \text{(右辺)}$$

2.3 平面波の電磁界

（1） 屈折率と平面波

式 (2.15) より真空中の光速度は $c_0 = 1/\sqrt{\varepsilon_0 \mu_0}$ であり，これを用いると誘電率が ε の媒質中の光速度 c は

$$c = \sqrt{\frac{\varepsilon_0}{\varepsilon}} c_0 \tag{2.17}$$

と書ける．媒質の**屈折率**（refractive index）n は，

$$n = \frac{c_0}{c} = \sqrt{\frac{\varepsilon}{\varepsilon_0}} \qquad (2.18)$$

で定義され，通常，$\varepsilon \geq \varepsilon_0$ であるから $n \geq 1$ である．これは，媒質中で位相速度が c_0/n と遅くなる度合いを表す．電磁界は基本的にマクスウェルの方程式に従うが，光のように高い周波数の領域では透磁率 μ が媒質に無関係に $\mu = \mu_0$ であるから，媒質が関与するのは誘電率 ε を通してである．誘電率は上の式により屈折率 n に置き換えられるので，媒質の相違を示すものは屈折率と考えてよい．なお，屈折率が複素数で表される場合がある．この場合には媒質による吸収や増幅が表現される．

$K = \omega/c$ を用いると，式(2.12)は，

$$E_x = E_{x0} \cos(\omega t - Kz + \phi) \qquad (2.19)$$

と書くことができる．これは**振動数**（**周波数**：frequency）が

$$f = \omega/2\pi \qquad (2.20)$$

で与えられる波動である．このように振動数が1つのみである光波を**単色光**（monochromatic light）といい，K は伝搬定数である．

式(2.19)の E_{x0} を**振幅**（amplitude），ϕ を**初期位相**（initial phase）（略して位相と呼ぶこともある），$(\omega t - Kz + \phi)$ を**位相**（phase）と呼んでいる．また，式(2.19)はある時刻 t においては空間座標 z に関して $\lambda = 2\pi/K$ を周期とする関数であり，これが**波長**（wavelength）である．式(2.20)を用いると，よく知られた次の関係を得る．

$$\lambda = \frac{2\pi}{K} = \frac{2\pi c}{\omega} = \frac{c}{f} \qquad (2.21)$$

いま，真空中の波長を λ_0 とすると振動数 f は媒質によって変わらないので

$$\lambda_0 = \frac{c_0}{f} = n\lambda \qquad (2.22)$$

である．このように，媒質内での波長 λ は λ_0/n に短縮されている．

式(2.19)では，ある時刻 t において $(\omega t - Kz + \phi)$ が一定のところ（位相が一定のところ）は3次元空間中で $z = $ 一定の平面となっている．この面を**波面**（wave front）あるいは**等位相面**という．また，式(2.19)は z 方向に

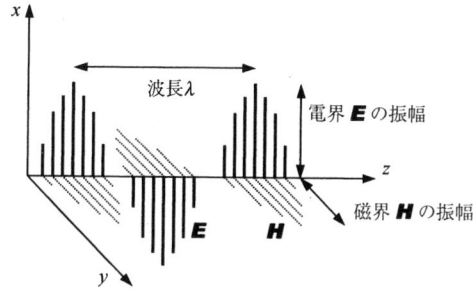

図 2.3 平面波の電界と磁界（例として，E_x と H_y の組を用いた）時刻 t を固定した図．この電界と磁界とが光速度 c で $+z$ 方向へ伝搬する．

伝搬する平面波であるが，任意の方向に伝搬する平面波の電界ベクトルの x 成分は

$$E_x = E_{x0}\cos\{\omega t - (K_x x + K_y y + K_z z) + \phi\}$$
$$= E_{x0}\cos(\omega t - \boldsymbol{K}\cdot\boldsymbol{r} + \phi) \qquad (2.23)$$

と表される．ここで $\boldsymbol{r} = (x, y, z)$ であり，$\boldsymbol{K} = (K_x, K_y, K_z)$ は**波動ベクトル**（wave vector）あるいは**波数ベクトル**（wave number vector）と呼ばれ，

$$|\boldsymbol{K}| = K = \frac{2\pi}{\lambda} \qquad (2.24)$$

であることは，z 方向に伝搬する場合を考えると容易にわかる．

このようにどこでも振幅が一定で，波の進行方向が一定の波を**平面波**（plane wave）と呼んでいる．マクスウェルの方程式の解のうち，最も理解の容易なものが，平面波である．そのため，種々の波動現象が平面波の概念を用いて説明される．したがって平面波は光学現象を理解する上で重要な役割りを果たす．

（2） 2組の独立な平面波

いま，式(2.19)で表された E_x を式(2.5)の関係を用いて，式(2.1)へ代入すると，z 方向に伝搬する TEM 波（$E_z = H_z = 0$）なので

$$\frac{\partial H_y}{\partial z} = \varepsilon\omega E_{x0}\sin(\omega t - Kz + \phi)$$

$$\therefore\ H_y = (\varepsilon\omega E_{x0}/K)\cos(\omega t - Kz + \phi) + c_1(t) \qquad (2.25)$$

が得られる．ここで，$c_1(t)$ は z に依存しない関数である．また式(2.19)を式

(2.2) へ代入すると

$$\frac{\partial H_y}{\partial t} = -\frac{KE_{x0}}{\mu_0}\sin(\omega t - Kz + \phi)$$

$$\therefore H_y = \frac{KE_{x0}}{\mu_0\omega}\cos(\omega t - Kz + \phi) + c_2(z) \tag{2.26}$$

を得る．式(2.25)と式(2.26)とは等しいはずのものである．実際に，係数は式(2.15)と(2.21)を用いると容易に等しいことがわかる（問題2.1参照）．したがって，$c_1(t) = c_2(z) =$（時間 t と場所 z によらない定数）とならなければならない．以下では上式を満足する定数として0を用いる．すなわち，磁界 H_y の解は，$K = \omega/c = \omega\sqrt{\mu_0\epsilon}$ を用いて，

$$H_y = \sqrt{\epsilon/\mu_0}\,E_{x0}\cos(\omega t - Kz + \phi) \tag{2.27}$$

となる．

要するに，式(2.19)の E_x が存在すれば式(2.27)の H_y が存在する．よって，これらを一組として考える必要がある．この組み合わせがマクスウェルの方程式(2.1)〜(2.4)の平面波に関する解である．

電界(2.19)と磁界(2.27)には，比例関係があり，

$$E_x = \sqrt{\frac{\mu_0}{\epsilon}}\,H_y \tag{2.28}$$

となる．比例因子

$$\sqrt{\frac{\mu_0}{\epsilon}} = \frac{1}{nc_0\epsilon_0} \tag{2.29}$$

を空間の**波動インピーダンス**（wave impedance）と呼んでいる（問題2.2参照）．

まったく同様にして，式(2.1)の y 成分と式(2.2)の x 成分とから導出される

$$E_y = E_{y0}\cos(\omega t - Kz + \phi) \tag{2.30}$$

$$H_x = -\sqrt{\epsilon/\mu_0}\,E_{y0}\cos(\omega t - Kz + \phi) \tag{2.31}$$

の組み合わせもマクスウェルの方程式 (2.1)〜(2.4)の解であることを示すことができる．この E_y と H_x の平面波の組み合わせは，前述の解（E_x と H_y の組み合わせ）とはまったく無関係で，独立である．

いずれにしても，z 方向に伝搬する光（電磁波）の電界ベクトルと磁界ベク

トルは図 2.3 に示すように互いに垂直に振動する一つの組となって伝わることがわかる．

【例題 2.3】 ガラスの屈折率を $n = 1.5$ としてガラス中での光速度を求めよ．また真空中での波長 $0.7\mu m$ の光のガラス中での波長を求めよ．
【解】 （ガラス中での光速度）$= 3 \times 10^8/1.5 \fallingdotseq 2.0 \times 10^8$ [ms^{-1}]
（ガラス中での波長）$= 0.7/1.5 \fallingdotseq 0.47$ [μm]

2.4 偏 光

（1） 直線偏光，だ円偏光，円偏光

2.3 節では式 (2.19) の E_x と，式 (2.30) の E_y がともにマクスウェルの方程式の解であることを見てきた．これによると，ω と K がそれぞれ共通で，伝搬方向が等しい 2 つの独立な解が存在することになる．これら 2 組の解を組み合わせて**偏光**現象は説明される．

ところで，これまでのカーテシアン座標の方向はどれも特別な方向はなく，単に，3 つの軸がそれぞれ直交していればよい（右手系座標）．したがって，任意の ω と K とを持つ光（電磁波）の電界ベクトルを伝搬方向 z に垂直な平面内の任意の直交座標 (x, y) 成分に分けて考えることができる．すなわち，この平面に平行なベクトル

$$\boldsymbol{E}(z, t) = \hat{\boldsymbol{x}} E_{x0} \cos(\omega t - Kz + \delta_x) + \hat{\boldsymbol{y}} E_{y0} \cos(\omega t - Kz + \delta_y) \quad (2.32)$$

はマクスウェルの方程式の解である．ここで，$\hat{\boldsymbol{x}}, \hat{\boldsymbol{y}}$ は，それぞれ x, y 方向の単位ベクトルである．

式 (2.32) において，E_{x0} と E_{y0} の一方がゼロ，または δ_x と δ_y の間に次の関係

$$\delta_x = \delta_y + m\pi \quad (m：整数) \quad (2.33)$$

があるとき，式 (2.32) の x 成分と y 成分との比は z や t に無関係に常に一定である．すなわち式 (2.33) が成立するとき電界ベクトルはベクトル $(\hat{\boldsymbol{x}} E_{x0} \pm \hat{\boldsymbol{y}} E_{y0})$ と z 軸で決まる一定の平面上にあり，電界はこの平面内で振動する．このような光（電磁波）を**直線偏光**あるいは**直線偏波** (linearly polarized

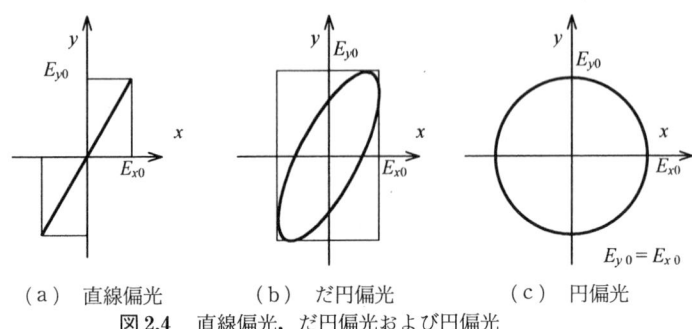

(a) 直線偏光　　　(b) だ円偏光　　　(c) 円偏光
図 2.4　直線偏光，だ円偏光および円偏光
（xy 平面内における電界のベクトルの軌跡）

light (wave)) という．

次に，E_{x0} と E_{y0} のどちらもゼロではなく，式 (2.33) が成立しない場合には，直線偏光の場合のような特別な振動面は存在しない．このような場合には，ある平面，たとえば $z=0$ で見ていると図 2.4 に示されるように時間とともに電界ベクトル $\boldsymbol{E}(0,t)$ が x, y 平面上を回転する．その電界の軌跡は x 方向には最大 $2|E_{x0}|$，y 方向には最大 $2|E_{y0}|$ の大きさのだ円を描くことが導かれる．したがって，この場合は，**だ円偏光**あるいは**だ円偏波**（elliptically polarized light）と呼ばれる．特に，

$$E_{x0} = E_{y0} \neq 0 \quad \text{かつ} \quad \delta_x = \delta_y \pm \pi/2 \tag{2.34}$$

が成立するときは，だ円偏光の特別な場合であり，この条件では，電界ベクトルの軌跡が円を描くので**円偏光**あるいは**円偏波**（circularly polarized light (wave)) と呼ばれる．

なお，電界ベクトルの方向に規則性がなく，E_x と E_y の位相関係がまったくでたらめの場合には**非偏光**（あるいは自然光）という．一般の光は偏光と非偏光の中間の状態であり，**部分偏光**（partially polarized light）と呼ばれている．太陽光や電球からの光は厳密には，地球大気の影響などで部分偏光であるが，実用上は非偏光とみなして差し支えない．一方，多くのレーザ光は厳密には部分偏光であるが，実用上は直線偏光とみなして差し支えない場合が多い．

（2）右回り偏光と左回り偏光

$$E_{x0} = E_{y0} \neq 0 \quad \text{かつ} \quad \delta_x = \delta_y - \pi/2 \quad （円偏光） \tag{2.35}$$

の場合，$z=0$ の平面に描かれる電界のベクトルの軌跡の時間変化を考えよう．

この場合，$(\omega t - Kz + \delta_x) = 2m\pi$ なら，式(2.32)の x 成分が正の最大値をとり，$(\omega t - Kz + \delta_y) = 2m\pi + \pi/2$ となるので y 成分は 0 である．すなわち電界ベクトルは x 方向を向く．それから 1/4 周期経過するとおのおのの位相は，さらに $\pi/2$ だけ大きくなる．つまり，x 成分は 0，y 成分は負の最大値となる．いいかえると電界ベクトルは $-y$ 方向を向く．さらに 1/4 周期時間が経過すると電界ベクトルは $-x$ 方向を向くことになる．このような $z=0$ における電界ベクトルの回転を受光側 ($z>0$) より見ると右回りに回転していることになる．これを**右回り円偏光**（right-handed circular polarization）という．右回り円偏光の電界ベクトルの例を図 2.5 に示す．

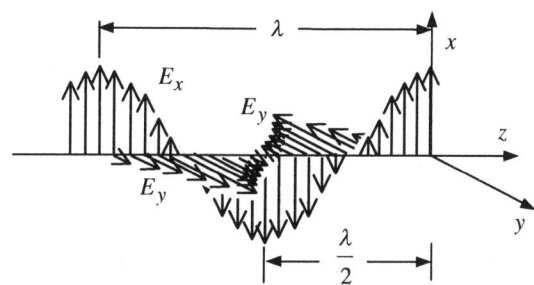

図 2.5 　+z 方向へ進む右回り円偏光の電界ベクトルの x 成分と y 成分
　　　　（時間 t を固定した図，このような電界 E_x と E_y を合成したものが
　　　　光速度 c で z 軸の正方向へ伝搬していく）

一方，
$$E_{x0} = E_{y0} \neq 0 \quad \text{かつ} \quad \delta_x = \delta_y + \pi/2 \tag{2.36}$$
の場合には逆方向に回転するので**左回り円偏光**（left-handed circular polarization）という．ところで電波を扱う分野では右回り円偏光を左円偏波，左回り円偏光を右円偏波と呼んでいる．これは送信側（$z<0$）から電界の軌跡を見るためである．

【例題 2.4】　式(2.32)において
　（1）　$E_{x0} = E_{y0} = 1$, $\delta_x = \delta_y = 0$, $z=0$ のときの $\boldsymbol{E}(z,t)$ の概略を示せ．
　（2）　$E_{x0} = 1$, $E_{y0} = 2$, $\delta_x = 0$, $\delta_y = -\pi/4$, $z=0$ のときの $\boldsymbol{E}(z,t)$ の概略を示せ．
【解】　（1）　このとき
$$\boldsymbol{E}(0,t) = (\hat{\boldsymbol{x}} + \hat{\boldsymbol{y}}) \cos \omega t$$

であるから，図 2.4(a) において，$E_{x0} = E_{y0} = 1$ となり x 軸 y 軸と 45°をなす直線上を振動する（直線偏光）．

（2）このとき
$$\boldsymbol{E}(0, t) = \hat{\boldsymbol{x}} \cos \omega t + 2\hat{\boldsymbol{y}} \cos\left(\omega t - \frac{\pi}{4}\right)$$
である．これはまた
$$\boldsymbol{E}(0, t) = \hat{\boldsymbol{x}} \cos \omega t + 2\hat{\boldsymbol{y}} \sin \omega t$$
とも書ける．これを図示すると図 2.4(b) において，$E_{x0} = 1$，$E_{y0} = 2$，長軸の方向が $\pm y$ 方向，短軸の方向が $\pm x$ 方向のだ円上を左回りに回転する図となる（左回りだ円偏光）．

2.5 光パワーと光強度

ある面を通過する単位時間あたりの光のエネルギーを**光パワー**（optical power）という．その面が単位面積であり，かつ光の進行方向に垂直である場合の光パワーの時間平均値を**光の強度**（intensity）という．光の電界の強さや磁界の強さは簡単には実測できないが，光パワー，したがって強度は光パワーメータなどにより簡単に測定できる．また人間の眼に感じる明るさは，電界の大きさや磁界の大きさではなく，基本的には光の強度に関係している．

時刻 t，空間座標 $\boldsymbol{r}$ における光すなわち電磁界のエネルギー密度は電磁気学でよく知られているように，電界のエネルギーと磁界のエネルギーの和であり，
$$W = (1/2)\{\boldsymbol{E}(\boldsymbol{r}, t) \cdot \boldsymbol{D}(\boldsymbol{r}, t) + \boldsymbol{H}(\boldsymbol{r}, t) \cdot \boldsymbol{B}(\boldsymbol{r}, t)\}$$
$$= (1/2)\{\varepsilon |\boldsymbol{E}(\boldsymbol{r}, t)|^2 + \mu_0 |\boldsymbol{H}(\boldsymbol{r}, t)|^2\} \qquad (2.37)$$
で与えられる．ここで，一例として，E_x と H_y の組み合わせの平面波を考えると E_x と H_y の振幅の間には，式(2.19)と式(2.27)の関係があるので，$\varepsilon |\boldsymbol{E}(\boldsymbol{r}, t)|^2 = \mu_0 |\boldsymbol{H}(\boldsymbol{r}, t)|^2$ となる．これを用いると，光のエネルギー密度は電界 $\boldsymbol{E}(\boldsymbol{r}, t)$ を用いて
$$W = \varepsilon |\boldsymbol{E}(\boldsymbol{r}, t)|^2 = \varepsilon_0 n^2 |\boldsymbol{E}(\boldsymbol{r}, t)|^2 \qquad (2.38)$$
と書くこともできる．

次に一定方向に進んでいる平面波を考え，その進行方向に垂直な断面積 A の平面を考える．光の速度を c とすると dt 秒間に光が進む距離は cdt であるからこの断面積 A を dt 秒間に通過する光のエネルギー dT_0 は

2.5 光パワーと光強度   **27**

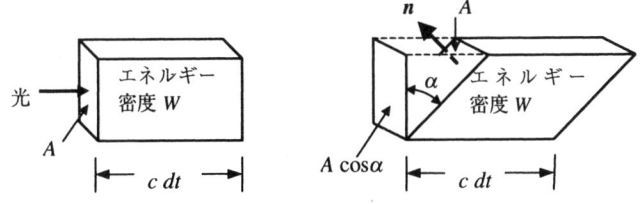

図2.6 光が運ぶエネルギー

$$dT_0 = AWcdt = A\varepsilon|\boldsymbol{E}(\boldsymbol{r},t)|^2 cdt \qquad (2.39)$$

となる．

次に光検出器の受光面が傾いて平面光波中に置かれている場合を考える．受光面の面積を A，その法線方向の単位ベクトルを $\boldsymbol{n}$ とし，$\boldsymbol{n}$ が光の進行方向に対して α だけ傾いていれば，この面を通過するエネルギーは，進行方向に垂直な断面積 $A\cos\alpha$ の面を通過することになるので次式となる．

$$dT_0 = WcA\cos\alpha\, dt = \varepsilon|\boldsymbol{E}(\boldsymbol{r},t)|^2 cA\cos\alpha\, dt \qquad (2.40)$$

光の進行方向（z 方向とする）に垂直な断面を考え，単位時間あたり単位面積あたりの通過エネルギーの時間平均値，すなわち光の強度 I は式 (2.39)，式 (2.19) を用いて

$$\begin{aligned}
I &= \frac{1}{A}\overline{\frac{dT_0}{dt}} = \overline{c\varepsilon E^2} = c\varepsilon E_{x0}{}^2 \overline{\cos^2(\omega t - Kz + \phi)} \\
&= c\varepsilon E_{x0}{}^2 \left(\frac{1}{T}\right)\int_0^T \cos^2(\omega t - Kz + \phi)dt \\
&= \frac{1}{2}c\varepsilon E_{x0}{}^2 \qquad (2.41)
\end{aligned}$$

となる．ただし T は周期，横線は一周期にわたる時間平均を示す．

【例題 2.5】 真空中を断面積 $1\,\mathrm{mm}^2$，出力 $1\,\mathrm{W}$ のレーザ光が伝搬している．このレーザ光の強度，電界の振幅，磁界の振幅を求めよ．

【解】 このレーザ光は1秒間に 1 Jule のエネルギーを運ぶので単位時間あたり，単位面積あたりのエネルギーの時間平均値すなわち光の強度 I は

$$I = \frac{1}{(10^{-3})^2} = 10^6 \quad [\mathrm{Wm}^{-2}]$$

である．式 (2.41) を用いると電界の振幅 E_{x0} は

$$E_{x0} = \sqrt{\frac{2I}{c\varepsilon_0}} = \sqrt{\frac{2\times 10^6}{3\times 10^8 \times 0.885\times 10^{-11}}} \fallingdotseq 2.74\times 10^4 \quad [\mathrm{Vm}^{-1}]$$

電界と磁界の間には式(2.28)の関係があるので

$$H_{y0} = \sqrt{\frac{\varepsilon_0}{\mu_0}} E_{x0} = \sqrt{\frac{0.885 \times 10^{-11}}{1.26 \times 10^{-6}}} \times 2.74 \times 10^4 \fallingdotseq 72.6 \quad [\text{Am}^{-1}]$$

2.6 複素指数関数表示と光強度

ここでは光波の複素指数関数による表示を説明する．光強度は前述のように時間平均操作を行って得られる．しかし，電磁界を三角関数ではなく複素指数関数で表示すると，時間平均操作なしで光強度が簡単に求まることを示そう．

虚数単位を i とすると

$$e^{\pm i\theta} = \cos\theta \pm i\sin\theta \tag{2.42}$$

である．マクスウェルの方程式は実係数の線形偏微分方程式であるから，$\cos\theta$ と $\sin\theta$ が解であれば，$e^{\pm i\theta}$ もまたこの方程式の解である．したがって，例えば $\theta = \omega t - \boldsymbol{K}\cdot\boldsymbol{r} + \phi$ として電界の x 成分 E_x を

$$E_x = E_{x0} \exp\{i(\omega t - \boldsymbol{K}\cdot\boldsymbol{r} + \phi)\} \tag{2.43}$$

と表した式もマクスウェル方程式の解である．さらに，複素数 $E = E_{x0}\exp(i\phi)$ を E_{x0} の代わりに用いて

$$E_x = E\exp\{i(\omega t - \boldsymbol{K}\cdot\boldsymbol{r})\} \tag{2.44}$$

とおいた解もマクスウェル方程式の解である．ここで E は**複素振幅**と呼ばれる．

しかし，これらは数学的な解であり，虚部を含むので物理的には実在しない．ところが，このような複素数の解の実部のみ（あるいは虚部のみ）を物理的な電界や磁界と対応させるものと約束しておくと，実係数の線形微分方程式の解としてはなんら困るところがない．

光強度は，式(2.41)で得られたように電界の振幅 E_{x0} の2乗に比例する．この関係は，式(2.44)で定義された**複素指数関数表示**を用いると容易に導出できる．つまり，式(2.44)の絶対値の2乗を求めると

$$I \propto |E\exp\{i(\omega t - \boldsymbol{K}\cdot\boldsymbol{r})\}|^2 = |E|^2 = E_{x0}{}^2 \tag{2.45}$$

である．このように，電界（および磁界）を複素指数関数によって表示すると，式(2.41)の導出に用いられた時間平均操作をほどこすことなく，比例因子は別として，光強度の表式が得られる．

また，電磁気学によると，光（電磁波）の進行方向に垂直な単位断面積を単位時間に通過するエネルギーはポインティングベクトル

$$S(r,t) = E(r,t) \times H(r,t) \tag{2.46}$$

によって与えられる．したがって，角度が α 傾いた面を通過する光強度は

$$I = \overline{|S|}\cos\alpha = \overline{S}\cdot n \tag{2.47}$$

と書ける．

特に時間的に正弦波状に振動する光波の電磁界の複素振幅ベクトル E_0, H_0 に対しては次式が成立する（問題2.3参照）．ただしアステリスク（*）は複素共役を示す．

$$I = \frac{1}{2}(E_0 \times H_0{}^*)\cdot n \tag{2.48}$$

【例題2.6】 θ が座標 x のみの関数で，$\cos\theta$ と $\sin\theta$ が式(2.16)の波動方程式を満たすものとする．すなわち

$$\frac{\partial^2}{\partial x^2}\cos\theta(x) + K^2\cos\theta(x) = 0, \quad \frac{\partial^2}{\partial x^2}\sin\theta(x) + K^2\sin\theta(x) = 0$$

このとき $Ee^{\pm i\theta(x)}$ も式(2.16)を満たすことを示せ．またこのときの光強度を示せ．

【解】 式(2.16)の E_x に $Ee^{\pm i\theta(x)} = E\{\cos\theta(x) \pm i\sin\theta(x)\}$ を代入する．

$$(左辺) = E\frac{\partial^2}{\partial x^2}\{\cos\theta(x) \pm i\sin\theta(x)\} + EK^2\{\cos\theta(x) \pm i\sin\theta(x)\}$$

$$= E\left\{\left(\frac{\partial^2}{\partial x^2} + K^2\right)\cos\theta(x)\right\} \pm iE\left\{\left(\frac{\partial^2}{\partial x^2} + K^2\right)\sin\theta(x)\right\}$$

$$= 0 = (右辺)$$

光強度 I は，$|e^{\pm i\theta(x)}|^2 = 1$ なので，式(2.41)と(2.45)より

$$I = \frac{1}{2}c\varepsilon|E|^2 \quad である．$$

2.7 スネルの法則と全反射

ここでは誘電率（したがって屈折率）の異なる2種の媒質の境界面に光が入射したときの**反射光**（reflected wave）と**屈折光**（refracted wave）を調べ，**入射光**（incident wave）のすべてが反射される全反射について学ぶ．

屈折率の異なる媒質の境界を平面とする．入射光（入射波）の一部は反射光

(反射波)となり,入射側の媒質へと戻っていく.一般には残りの一部が屈折光(屈折波)となり,もう一方の媒質へと境界を通り抜けて伝搬していく.このとき反射光,屈折光の伝搬方向を与えるのがスネルの法則であり,反射光,屈折光の電界の割合を与えるのが次節で述べるフレネルの公式である.

(1) スネルの法則

図 2.7 に示すように波動ベクトル $\boldsymbol{K}^{(i)}$ の平面波(入射光)が,屈折率 n_1 の媒質 1 と屈折率 n_2 の媒質 2 の境界面 $z = 0$ に入射するものとする.境界面の法線ベクトル (z 軸) と $\boldsymbol{K}^{(i)}$ とで決まる平面は**入射面** (plane of incidence) と呼ばれる.この平面を xz 平面とする.また,図 2.7 に示すように入射光,反射光,屈折光の波動ベクトルをそれぞれ,$\boldsymbol{K}^{(i)}$,$\boldsymbol{K}^{(r)}$,$\boldsymbol{K}^{(t)}$ と表す.ただし,いまのところ $\boldsymbol{K}^{(r)}$ および $\boldsymbol{K}^{(t)}$ は入射面内にあるとは限らないものとしておく.

入射光の電界振幅の z 成分を A_z として,入射光の電界を複素指数関数表示を用いて

$$E_z^{(i)} = A_z \exp(i\phi_i) \tag{2.49}$$

と表す.ここで,位相 ϕ_i は

$$\phi_i = \omega t - \boldsymbol{K}^{(i)} \cdot \boldsymbol{r} \tag{2.50}$$

である.また,同様に反射光の電界振幅の z 成分を R_z,その位相を ϕ_r として

$$E_z^{(r)} = R_z \exp(i\phi_r) \tag{2.51}$$

$$\phi_r = \omega t - \boldsymbol{K}^{(r)} \cdot \boldsymbol{r} \tag{2.52}$$

と表す.さらに,屈折光の電界振幅の z 成分を T_z,その位相 ϕ_t を

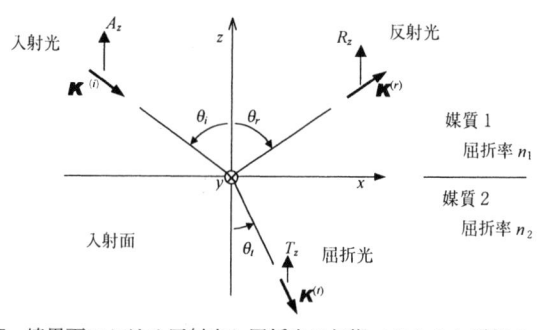

図 2.7 境界面における反射光と屈折光の伝搬ベクトルと電界の z 成分

$$E_z^{(t)} = T_z \exp(i\phi_t) \qquad (2.53)$$
$$\phi_t = \omega t - \boldsymbol{K}^{(t)} \cdot \boldsymbol{r} \qquad (2.54)$$

と表す.

　真電荷が存在しない 2 つの誘電体の境界面では電束密度の境界面に垂直な成分は連続であるので $z=0$ では次式が成立する.

$$n_1^2 E_z^{(i)} + n_1^2 E_z^{(r)} = n_2^2 E_z^{(t)} \qquad (2.55)$$

上式に式 (2.49) 〜 (2.54) を用い，$z=0$ とすると

$$n_1^2 A_z \exp\left\{i\left(\omega t - \boldsymbol{K}^{(i)} \cdot \boldsymbol{r}_{z=0}\right)\right\} + n_1^2 R_z \exp\left\{i\left(\omega t - \boldsymbol{K}^{(r)} \cdot \boldsymbol{r}_{z=0}\right)\right\}$$
$$= n_2^2 T_z \exp\left\{i\left(\omega t - \boldsymbol{K}^{(t)} \cdot \boldsymbol{r}_{z=0}\right)\right\} \qquad (2.56)$$

が得られる. ただし, $\boldsymbol{r}_{z=0}$ は $z=0$ の平面上の位置ベクトルで

$$\boldsymbol{r}_{z=0} = \hat{\boldsymbol{x}} x + \hat{\boldsymbol{y}} y \qquad (2.57)$$

と書ける. 式 (2.56) は境界面 $z=0$ 上の任意の $\boldsymbol{r}_{z=0}$ について成立しなければならないので $\boldsymbol{r}_{z=0} = 0$ を代入すると,

$$n_1^2 A_z + n_1^2 R_z = n_2^2 T_z \qquad (2.58)$$

が得られる.

　次に, 式 (2.56) の両辺に $\exp\{-i(\omega t - \boldsymbol{K}^{(t)} \cdot \boldsymbol{r}_{z=0})\}$ を乗じると

$$n_1^2 A_z \exp\{-i(\boldsymbol{K}^{(i)} - \boldsymbol{K}^{(t)}) \cdot \boldsymbol{r}_{z=0}\}$$
$$+ n_1^2 R_z \exp\{-i(\boldsymbol{K}^{(r)} - \boldsymbol{K}^{(t)}) \cdot \boldsymbol{r}_{z=0}\} = n_2^2 T_z \qquad (2.59)$$

を得る. この式の右辺は $\boldsymbol{r}_{z=0}$ に無関係なので, 左辺も同様でなければならない. よって

$$(\boldsymbol{K}^{(i)} - \boldsymbol{K}^{(t)}) \cdot \boldsymbol{r}_{z=0} = (\boldsymbol{K}^{(r)} - \boldsymbol{K}^{(t)}) \cdot \boldsymbol{r}_{z=0} = 0 \qquad (2.60)$$

の関係が得られる. これが $\boldsymbol{r}_{z=0}$ に無関係に成立するためには,

$$K_x^{(i)} = K_x^{(r)} = K_x^{(t)} \quad \text{および} \quad K_y^{(i)} = K_y^{(r)} = K_y^{(t)} \qquad (2.61)$$

でなければならない. したがって, 波動ベクトルの境界面成分は屈折・反射の前後で保存されることがわかる. ところで入射光の波動ベクトル $\boldsymbol{K}^{(i)}$ は y 軸に垂直としたので,

$$K_y^{(i)} = K_y^{(r)} = K_y^{(t)} = 0 \qquad (2.62)$$

でなければならない. すなわち, 屈折光を含めた 3 つの光の波動ベクトルは入

射面 (xz 面) 内にある．

式(2.60)，したがって式(2.61)が成立するとき，式(2.59)の左辺と右辺が等しくなることは式(2.58)を用いると容易に証明できる．

波動ベクトル $\boldsymbol{K}^{(i)}$, $\boldsymbol{K}^{(r)}$, $\boldsymbol{K}^{(t)}$ の方向と z 軸のなす角 θ_i (入射角)，θ_r (反射角)，θ_t (屈折角) を図 2.7 のように決めると

$$K_x^{(i)} = K^{(i)} \sin\theta_i, \quad K_x^{(r)} = K^{(r)} \sin\theta_r, \quad K_x^{(t)} = K^{(t)} \sin\theta_t \tag{2.63}$$

であり，これらを式(2.61)へ代入し，式(2.21)と式(2.22)を用いると

$$\theta_i = \theta_r \tag{2.64}$$

$$n_1 \sin\theta_i = n_2 \sin\theta_t \tag{2.65}$$

が得られる．これらの関係は**スネルの法則**（Snell's law）として知られている．

（2） 全反射

式(2.65)より

$$\sin\theta_t = \frac{n_1}{n_2}\sin\theta_i < 1 \tag{2.66}$$

が満足される入射角 θ_i に対して屈折角 θ_t が得られる．$n_1 < n_2$，すなわち屈折率の小さい媒質 1 から屈折率の大きい媒質 2 に光が入射する場合には，どのような入射角 θ_i ($0° \leq \theta_i < 90°$) に対しても屈折角 θ_t が決まる．しかし，$n_1 > n_2$ すなわち屈折率の大きい媒質 1 から屈折率の小さい媒質 2 に光が入射する場合には，

$$\sin\theta_i < \frac{n_2}{n_1} \tag{2.67}$$

を満足する θ_i に対してのみ屈折角 θ_t が存在する．逆に，これが満足されないときには，屈折光は存在せず，反射光だけになる．すなわち入射光が 100 %反射される．これを**全反射**（total reflection）という．入射角 θ_i を徐々に大きくしていくと

$$\theta_c = \sin^{-1}\left(\frac{n_2}{n_1}\right) \tag{2.68}$$

から全反射が起きる．この入射角を**全反射臨界角**という．

入射する光ビームが境界で全反射する際，反射点が境界に沿って平行に偏移

する現象がある．これを**グース・ヘンシェンシフト**（Goos-Hänchen shift）という．この現象は，入射光がわずかではあるが境界面を越え低屈折率側へ滲み出してから反射されることによっている．

【例題 2.7】 ガラスの屈折率を $n = 1.5$ としてガラスと空気の界面での全反射臨界角を求めよ．また，$\theta_i = 50°$ で空気側から光が入射したときの屈折角を求めよ．

【解】 空気の屈折率を1とすると，全反射は屈折率の大きい媒質から光が入射したときに起こる．よって全反射はガラス側から光が入射したときに起こり，その臨界角 θ_c は式 (2.68) より

$$\theta_c = \sin^{-1}\left(\frac{1}{1.5}\right) \fallingdotseq 41.8°$$

また空気側から，$\theta_i = 50°$ で入射したときの屈折角 θ_t は式 (2.65) より

$$\theta_t = \sin^{-1}\left(\frac{1}{1.5}\sin 50°\right) \fallingdotseq \sin^{-1}(0.511) \fallingdotseq 30.7°$$

2.8 フレネルの公式とブルースタの法則

（1） 振幅反射率および振幅透過率

入射光の電界ベクトルの入射面に平行な成分 A_p を **p 偏光成分***，垂直な成分 A_s を **s 偏光成分*** という（図 2.8 参照）．これらを用いると入射光の電界ベ

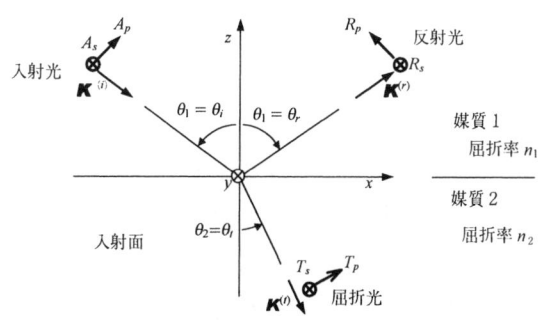

図 2.8 境界面における反射光と屈折光の電界ベクトル
（添字 p は p 偏光成分，添字 s は s 偏光成分を示す）

---

* p は parallel（平行），s は senkrecht（垂直）の略．

クトルの x, y, z 成分は,

$$\left.\begin{array}{l} E_x^{(i)} = A_p \cos\theta_i \exp(i\phi_i) \\ E_y^{(i)} = A_s \exp(i\phi_i) \\ E_z^{(i)} = A_p \sin\theta_i \exp(i\phi_i) \end{array}\right\} \quad (2.69)$$

と表される.ただし,ϕ_i は式 (2.50) で与えられる位相である.ここで,式 (2.28) の関係を用いると磁界の各成分は,

$$\left.\begin{array}{l} H_x^{(i)} = n_1\varepsilon_0 c_0 A_s \cos\theta_i \exp(i\phi_i) \\ H_y^{(i)} = -n_1\varepsilon_0 c_0 A_p \exp(i\phi_i) \\ H_z^{(i)} = n_1\varepsilon_0 c_0 A_s \sin\theta_i \exp(i\phi_i) \end{array}\right\} \quad (2.70)$$

となる.

まったく同様に,反射光の電界ベクトルの入射面に垂直な成分を R_s,平行な成分を R_p,屈折光の電界ベクトルの入射面に垂直な成分を T_s,平行な成分を T_p とすると反射光と屈折光の電界と磁界の各成分は

$$\left.\begin{array}{l} E_x^{(r)} = -R_p \cos\theta_r \exp(i\phi_r) \\ E_y^{(r)} = R_s \exp(i\phi_r) \\ E_z^{(r)} = R_p \sin\theta_r \exp(i\phi_r) \end{array}\right\} \quad (2.71)$$

$$\left.\begin{array}{l} H_x^{(r)} = -n_1\varepsilon_0 c_0 R_s \cos\theta_r \exp(i\phi_r) \\ H_y^{(r)} = -n_1\varepsilon_0 c_0 R_p \exp(i\phi_r) \\ H_z^{(r)} = n_1\varepsilon_0 c_0 R_s \sin\theta_r \exp(i\phi_r) \end{array}\right\} \quad (2.72)$$

$$\left.\begin{array}{l} E_x^{(t)} = T_p \cos\theta_t \exp(i\phi_t) \\ E_y^{(t)} = T_s \exp(i\phi_t) \\ E_z^{(t)} = T_p \sin\theta_t \exp(i\phi_t) \end{array}\right\} \quad (2.73)$$

$$\left.\begin{array}{l} H_x^{(t)} = n_2\varepsilon_0 c_0 T_s \cos\theta_t \exp(i\phi_t) \\ H_y^{(t)} = -n_2\varepsilon_0 c_0 T_p \exp(i\phi_t) \\ H_z^{(t)} = n_2\varepsilon_0 c_0 T_s \sin\theta_t \exp(i\phi_t) \end{array}\right\} \quad (2.74)$$

と書ける.ただし,位相 ϕ_r,ϕ_t は式 (2.52) と式 (2.54) で与えられている.

2種の媒質の境界面では,電界ベクトルと磁界ベクトルの境界面に平行な成分は連続でなければならない.したがって,

2.8 フレネルの公式とブルースタの法則

$$\left.\begin{array}{l} E_x{}^{(i)} + E_x{}^{(r)} = E_x{}^{(t)}, \quad E_y{}^{(i)} + E_y{}^{(r)} = E_y{}^{(t)} \\ H_x{}^{(i)} + H_x{}^{(r)} = H_x{}^{(t)}, \quad H_y{}^{(i)} + H_y{}^{(r)} = H_y{}^{(t)} \end{array}\right\} \quad (2.75)$$

が $z=0$ で成立しなければならない．式(2.69)〜(2.74)を式(2.75)に代入して次の関係式を得る．

$$\left.\begin{array}{l} A_p \cos\theta_1 \exp(i\phi_i) - R_p \cos\theta_1 \exp(i\phi_r) = T_p \cos\theta_2 \exp(i\phi_t) \\ A_s \exp(i\phi_i) + R_s \exp(i\phi_r) = T_s \exp(i\phi_t) \\ n_1\{A_s \cos\theta_1 \exp(i\phi_i) - R_s \cos\theta_1 \exp(i\phi_r)\} = n_2 T_s \cos\theta_2 \exp(i\phi_t) \\ n_1\{A_p \exp(i\phi_i) + R_p \exp(i\phi_r)\} = n_2 T_p \exp(i\phi_t) \end{array}\right\}$$

$$(2.76)$$

ただし，$\theta_i = \theta_r = \theta_1$，および $\theta_t = \theta_2$ とおいた．

式(2.60)が成立するので，$z=0$では入射光，反射光，屈折光の振動の位相は等しく，$\phi_i = \phi_r = \phi_t$ であるので，式(2.76)は境界面上で次式となる．

$$\left.\begin{array}{l} (A_p - R_p)\cos\theta_1 = T_p \cos\theta_2 \\ A_s + R_s = T_s \\ n_1(A_s - R_s)\cos\theta_1 = n_2 T_s \cos\theta_2 \\ n_1(A_p + R_p) = n_2 T_p \end{array}\right\} \quad (2.77)$$

この4つの式の第1式と第4式はp偏光成分の関係を与え，第2式と第3式はs偏光成分の関係を与える．

第1式と第4式とから R_p と T_p を解くと

$$\frac{R_p}{A_p} = \frac{n_2 \cos\theta_1 - n_1 \cos\theta_2}{n_2 \cos\theta_1 + n_1 \cos\theta_2}, \quad \frac{T_p}{A_p} = \frac{2n_1 \cos\theta_1}{n_2 \cos\theta_1 + n_1 \cos\theta_2}$$

$$(2.78)$$

が得られる．また，第2式と第3式とから R_s と T_s とを求めると

$$\frac{R_s}{A_s} = \frac{n_1 \cos\theta_1 - n_2 \cos\theta_2}{n_1 \cos\theta_1 + n_2 \cos\theta_2}, \quad \frac{T_s}{A_s} = \frac{2n_1 \cos\theta_1}{n_1 \cos\theta_1 + n_2 \cos\theta_2}$$

$$(2.79)$$

が得られる．R_p/A_p および R_s/A_s を**振幅反射率**，T_p/A_p および T_s/A_s を**振幅透過率**といい，これらの式を**フレネルの公式**（Fresnel's formula）という．

（2） 反射率および透過率

境界面上の単位面積を通過する反射光・屈折光のパワーと入射光のパワーの

比を，それぞれ**反射率**および**透過率**という．これらは，振幅反射率と振幅透過率を用い，さらに式(2.40)を用いて境界面が傾いていることを考慮すると

$$\left.\begin{array}{l}\dfrac{P_p^{(r)}}{P_p^{(i)}} = \left|\dfrac{R_p}{A_p}\right|^2 \\[2mm] \dfrac{P_p^{(t)}}{P_p^{(i)}} = \left|\dfrac{T_p}{A_p}\right|^2 \dfrac{n_2 \cos \theta_2}{n_1 \cos \theta_1} = \dfrac{4 n_1 n_2 \cos \theta_1 \cos \theta_2}{(n_1 \cos \theta_2 + n_2 \cos \theta_1)^2}\end{array}\right\} \quad (2.80)$$

$$\left.\begin{array}{l}\dfrac{P_s^{(r)}}{P_s^{(i)}} = \left|\dfrac{R_s}{A_s}\right|^2 \\[2mm] \dfrac{P_s^{(t)}}{P_s^{(i)}} = \left|\dfrac{T_s}{A_s}\right|^2 \dfrac{n_2 \cos \theta_2}{n_1 \cos \theta_1} = \dfrac{4 n_1 n_2 \cos \theta_1 \cos \theta_2}{(n_2 \cos \theta_2 + n_1 \cos \theta_1)^2}\end{array}\right\} \quad (2.81)$$

と与えられる．それぞれの偏光成分の反射率と透過率の和は，損失がない限り，1である（問題2.4参照）．

（3）ブルースタの法則

式(2.78)の第1式の分子は，$\tan \theta_1 = n_2/n_1$ のとき0となることは容易に証明できる（問題2.5参照）．すなわち異種媒質の境界面でも

$$\tan \theta_1 = \frac{n_2}{n_1} \quad (2.82)$$

を満足する入射角 θ_1 の場合には，p偏光成分の反射率はゼロで，反射が生じない．これを**ブルースタの法則**（Brewster's law）といい，この入射角 θ_1 を**ブルースタ角**（Brewster's angle）という．なお，この現象はs偏光成分では生じない（図2.9参照）．

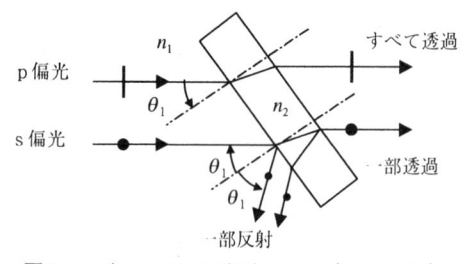

図2.9 ブルースタの法則．θ_1 はブルースタ角．

【例題2.8】 屈折率 $n = 1.5$ のガラスに空気中から入射角 $\theta_i = 50°$ で入射したとき

（1） p偏光の振幅反射率，振幅透過率，反射率，透過率を求めよ．
（2） また，p偏光について，反射光強度の入射光強度に対する比，および透過光強度の入射光強度に対する比を求め，これらの比の和が1とはならないことを確かめよ．

【解】
（1） 前問より屈折角 $\theta_t = 30.7°$ であるから，式(2.78)より

$$(\text{p偏光の振幅反射率}) = \frac{1.5\cos 50° - \cos 30.7°}{1.5\cos 50° + \cos 30.7°} \fallingdotseq 0.057 \quad (5.7\%)$$

$$(\text{p偏光の振幅透過率}) = \frac{2\cos 50°}{1.5\cos 50° + \cos 30.7°} \fallingdotseq 0.705 \quad (70.5\%)$$

また式(2.80)より

$$(\text{p偏光の反射率}) = (\text{p偏光の振幅反射率})^2 \fallingdotseq 0.00327 \quad (0.3\%)$$

$$(\text{p偏光の透過率}) = (\text{p偏光の透過率})^2 \frac{n_2 \cos\theta_2}{n_1 \cos\theta_1}$$

$$= (0.705)^2 \frac{1.5\cos 30.7°}{\cos 50°} = 0.9973 \quad (99.7\%)$$

（2） 入射光の電界振幅を E と置くと，式(2.41)を用いて

$$\frac{(\text{p偏光の反射光強度})}{(\text{入射光強度})} = \frac{(1/2)c\,(0.0572E)^2}{(1/2)cE^2} = 0.0572^2$$

$$= 0.003273 \quad (0.33\%)$$

$$\frac{(\text{p偏光の透過光強度})}{(\text{入射光強度})} = \frac{(1/2)c\,(0.705nE)^2}{(1/2)cE^2} = (0.705 \times 1.5)^2$$

$$= 1.118 \quad (111.8\%)$$

明らかに和は1とはならない．

演習問題

2.1 式(2.25)の係数と式(2.26)の係数が等しいこと，すなわち，$\varepsilon\omega E_{x0}/K = KE_{x0}/(\mu_0\omega)$ を示せ．

2.2 真空中での波動インピーダンス $\sqrt{\mu_0/\varepsilon_0}$ を求めよ．

2.3 式(2.48)を導け．

2.4 式(2.80)，(2.81)で与えられる反射率と透過率に関して，次式を証明せよ．

$$\frac{P_p^{(r)} + P_p^{(t)}}{P_p^{(i)}} = 1 \quad \text{および} \quad \frac{P_s^{(r)} + P_s^{(t)}}{P_s^{(i)}} = 1$$

2.5 屈折率 n_1 の媒質1と屈折率 n_2 の媒質2が平面で接しており，平面波が次図の

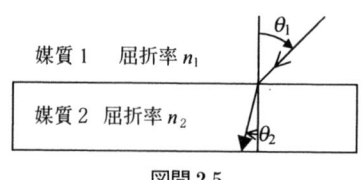

図問 2.5

ように入射している．このとき p 偏光の振幅反射率 r_p は次式で与えられる．

$$r_p = \frac{n_2 \cos\theta_1 - n_1 \cos\theta_2}{n_2 \cos\theta_1 + n_1 \cos\theta_2}$$

① このときの屈折角 θ_2 をスネルの法則より求めよ．
② $n_2 \neq n_1$ のとき $r_p = 0$ となる θ_1 を求めよ．
　　ヒント：$r_p = 0$ のとき $t = n_1/n_2$ とおくと，$t^2 = (\cos\theta_1/\cos\theta_2)^2$ となる．これをスネルの法則を用いて θ_1 と t のみの式にする．得られた t の複 2 次式を解く．
③ 媒質 2 は媒質 1 のなかに置かれた平行平板であり，②の条件を満たすものとする．この光が媒質 2 を出るときの p 偏波の振幅反射率 r_p' はどうなるか．
④ 以上のような現象をまとめた法則を何というか．

第3章
光の回折と結像

　光波が伝搬すると回折効果でその姿が変わる．ここでは，光の回折の一般式を最初に学ぶ．それにもとづいて種々の開口の回折現象を具体的に計算する．特に，フラウンホーファ回折によって開口の2次元フーリエ変換と同等の結果が得られることを学ぶ．さらに，レンズを通った光の伝搬を回折理論によって扱い，レンズの集光作用と結像の特性を学ぶ．

3.1　光の回折とは

　図3.1に見られるように，スクリーンに開けられた**開口**（aperture）を通過した光波は，そこから広がって伝搬する．また，小さな障害物に光が照射されるとその背後の陰の部分にも光は回り込む．このような現象は**回折**（diffraction）と呼ばれ光波に限らず，あらゆる波動に共通な性質である．逆に，光にこの現象が観測されることは，光が波動であることの一つの証でもある．

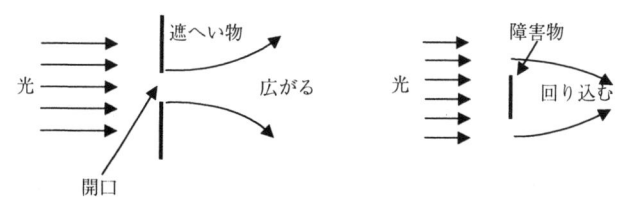

図3.1　光波は有限な大きさの開口や障害物によって回折される．

　多くの場合，光の回折現象は，図3.1に示すような光を透過する部分と完全に遮へいする部分からなる，いわゆる**堅い開口**（hard aperture）において説明される．しかし，この現象はこのようなものに限定されるものではない．たとえば，有限な大きさの鏡やレンズ，さらには，光ファイバやレーザから出射する光も，その後の伝搬は回折現象によって説明される．そこで，光の回折現

象をもっと一般的に定義すると，「ある面で有限な広がりをもつ光波の空間分布が伝搬にともなって変化する現象」ということになる．

　光の回折現象は，光学実験や光学応用機器を理解する上できわめて重要である．たとえば，カメラや顕微鏡，望遠鏡などの解像度，すなわち，どこまで細かい像情報が得られるかは結像系の回折効果によって決まる．

　また，光ビームをどこまで微小に絞れるかという問題も同様であって，CDや光磁気ディスクのデータの読み・書きにとって非常に重要である．また，光ファイバを導波した光が端部から出射するときについても同様なことがいえる．

【例題 3.1】 もし回折現象がなければ，光は遮へい物を通り抜けた後に広がったり，障害物の影に回り込んだり（図 3.1 参照）はしないから，均一な空間では直進することになる．回折現象が仮に存在しないと仮定するとレンズによって集められた光はその焦点でどうなるか．

【解】 レンズ通過後は直進するからすべての光は幾何学的点（無限小の領域）に集まってしまう．その結果，その点でのエネルギー密度は無限大になる．光が弱くても，もし可燃物がその点にあれば温度が非常に上昇し，燃えて穴が開く．また蒸発するような物質があれば，すぐに蒸発してしまう．回折現象が存在するために有限な面積に光が集まり，そこでのエネルギー密度は有限になる（3.7 節参照）．

3.2　フレネル回折積分とフラウンホーファ回折積分

　光の回折は，通常，波動方程式の解として数学的に厳密に求められている**フレネル・キルヒホッフの回折積分**（Fresnel-Kirchhoff diffraction integral）にもとづいて論じられる．しかし，この章では，もっと単純に**ホイヘンス（Huygens）の原理**から出発し，同等の結論を導く．なお，以下の数式表現において，積分領域が $[-\infty, \infty]$ であるときには，簡単化のために，その領域の表示は省略する．

　図 3.2 に示す開口面の**光の場**（具体的には光の電界，あるいは光の磁界）(optical field) を $g(\xi, \eta)$ で表す．これを開口関数といい，一般には，光波の振幅と位相を含んだ複素振幅で与えられる．光の回折の問題は，単に，この面から距離 z の位置にある任意の観測面での複素振幅を求めることにほかなら

3.2 フレネル回折積分とフラウンホーファ回折積分

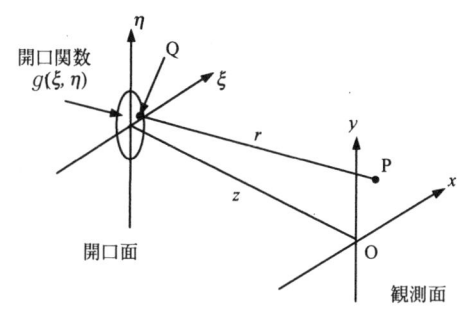

図 3.2 光の回折を説明するための座標系

ない．そこで，ホイヘンスの原理に従い，開口面上のすべての点から球面波が発せられ観測面上の点 P に到達すると考える．まず，一つの点 $Q(\xi, \eta)$ からの点 $P(x, y)$ への寄与を考えると，この球面波は

$$U_{Q \to P} = g(\xi, \eta) \frac{\exp\{-i(\omega t - Kr + \phi)\}}{r} \tag{3.1}$$

と表される．ここで，K は波数で光の波長を λ とすると $K = 2\pi/\lambda$ である（式 (2.24)）．また，r は点 Q から点 P までの伝搬距離である．点 P へは開口面上のすべての点からの球面波が線形の形で重ね合わされるので，これを積分で表すと，点 $P(x, y)$ の光の振幅は

$$U(x, y) = \frac{\exp\{-i(\omega t + \phi)\}}{z} \iint g(\xi, \eta) \exp(iKr) d\xi d\eta \tag{3.2}$$

となる．この積分は (ξ, η) に関して実行されるが，式 (3.1) の分母の距離 r の変化が積分の結果に与える効果は小さいので，z として積分の外に出した．積分の結果に大きく影響するのは振動因子 $\exp(iKr)$ の部分で，光の振動数の領域では，波数 K の値が大きい（波長 λ が小さい）ために，伝搬距離 r のわずかな変化が積分の値を左右する．このことに注意して式 (3.2) をより簡単にしよう．

まず，Kr を ξ, η を用いて表すと，

$$\begin{aligned} Kr &= K\sqrt{z^2 + (\xi - x)^2 + (\eta - y)^2} \\ &= Kz\sqrt{1 + \frac{(\xi - x)^2}{z^2} + \frac{(\eta - y)^2}{z^2}} \end{aligned} \tag{3.3}$$

である．ここで，

$$\sqrt{1 + \alpha} = 1 + \frac{\alpha}{2} - \frac{\alpha^2}{8} + \cdots \tag{3.4}$$

と展開できるので，実質的に積分に関係するすべての ξ, η と観測面座標 x, y に関して，$K = 2\pi/\lambda$ を用いて

$$\frac{(\xi - x)^4}{\lambda z^3} \ll 1 \quad \text{かつ} \quad \frac{(\eta - y)^4}{\lambda z^3} \ll 1 \tag{3.5}$$

の条件が満足される距離 z（z がある程度大きい値のとき）の場合，式(3.3)は

$$Kr = Kz + \frac{K(\xi - x)^2}{2z} + \frac{K(\eta - y)^2}{2z} \tag{3.6}$$

と近似できる．これを式(3.2)に用いると

$$U(x, y) = \frac{\exp\{-i(\omega t - Kz + \phi)\}}{z}$$
$$\times \iint g(\xi, \eta) \exp\left[\frac{i\pi\{(\xi - x)^2 + (\eta - y)^2\}}{\lambda z}\right] d\xi d\eta \tag{3.7}$$

を得る．この式は，また

$$U(x, y) = C \iint g(\xi, \eta) \exp\left\{\frac{i\pi(\xi^2 + \eta^2)}{\lambda z}\right\}$$
$$\times \exp\left\{-\frac{2\pi i(x\xi + y\eta)}{\lambda z}\right\} d\xi d\eta \tag{3.8}$$

と書き換えられる．ここで，

$$C = \frac{1}{z} \exp\{-i(\omega t - Kz + \phi)\} \exp\left\{\frac{i\pi(x^2 + y^2)}{\lambda z}\right\} \tag{3.9}$$

と置いた．なお，$|C|^2 = z^{-2}$ であるので，(x, y) 観測面上での回折光強度 $|U(x, y)|^2$ に関してはこの因子は一定値である．式(3.7)あるいは式(3.8)を**フレネル回折積分** (Fresnel diffraction integral) という．

さらに，開口関数の実質的な広がりが十分小さく，積分に関係するすべての ξ, η に関して

$$\frac{\pi(\xi^2 + \eta^2)}{\lambda z} \ll 1 \tag{3.10}$$

が満足されるときには，式(3.8)は

$$U(x, y) = C \iint g(\xi, \eta) \exp\left\{-\frac{2\pi i(x\xi + y\eta)}{\lambda z}\right\} d\xi d\eta \tag{3.11}$$

3.2 フレネル回折積分とフラウンホーファ回折積分

フレネル回折領域
$$U(x,y) = C \iint g(\xi,\eta) \exp\left[i\left(\frac{\pi}{\lambda z}\right)\left[(x-\xi)^2 + (y-\eta)^2\right]\right] d\xi d\eta$$

開口関数 $g(\xi,\eta)$

フラウンホーファ回折領域　$z \gg (\pi/\lambda)(開口の最大径)^2$
$$U(x,y) = C \iint g(\xi,\eta) \exp\left\{-i\left(\frac{2\pi}{\lambda z}\right)(x\xi + y\eta)\right\} d\xi d\eta$$

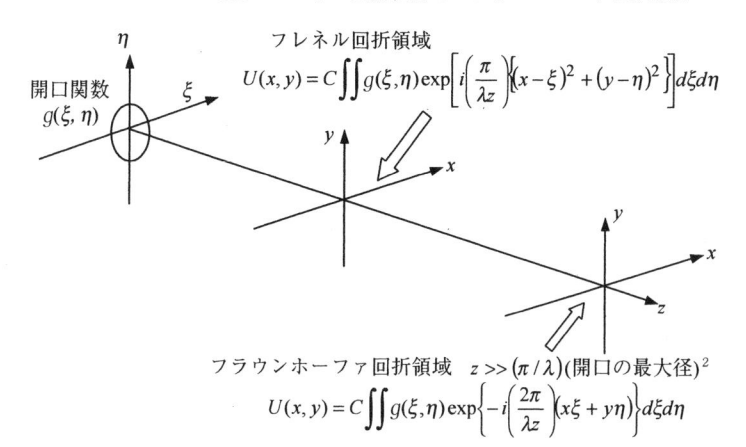

図3.3 フレネル回折とフラウンホーファ回折

と近似できる．式(3.11)を**フラウンホーファ回折積分**（Fraunhofer diffraction integral）という．この積分は $(p,q) = (x/\lambda z,\ y/\lambda z)$ と変数変換すると，(ξ,η) 空間から (p,q) 空間への開口関数の**2次元フーリエ変換**であることがわかる．

なお，回折積分の厳密解では，式(3.9)に $(1/i\lambda)$ を乗じた結果が得られるが，この点を除くと，ここで示した結果は厳密解に一致している．また，この因子の違いが現象の解析において問題になることはほとんどない．

【例題 3.2】 開口サイズが $|\xi| \le a$, $|\eta| \le a$, 観測面が $|x| \le b$, $|y| \le b$ であるとする．フレネル回折積分が近似として成立する条件を求めよ．さらにフラウンホーファ回折積分が近似として成立する条件を求めよ．$a = 1$ mm, $b = 1$ cm, 波長 $\lambda = 0.6\ \mu$m, $\pi = 3$ とするとどうなるか．

【解】 フレネル回折の条件は式(3.5)より
$$z^3 \gg \frac{(\xi - x)^4}{\lambda} \approx \frac{(2b)^4}{\lambda} = \frac{2^4}{0.6 \times 10^{-4}} \quad \therefore \quad z \gg \sqrt[3]{\frac{(2b)^4}{\lambda}} = 64\ [\text{cm}]$$
ただし，$|\xi - x|$ の最大値を $2b$ とした．

フラウンホーファ回折の条件は式(3.10)より
$$z \gg \frac{\pi(\xi^2 + \eta^2)}{\lambda} \approx \frac{2\pi a^2}{\lambda} = \frac{2 \times 3 \times 10^{-2}}{0.6 \times 10^{-4}} = 10^3\ [\text{cm}]$$
$$\therefore \quad z \gg \frac{2\pi a^2}{\lambda} = 10\ [\text{m}]$$

3.3　1次元物体のフラウンホーファ回折

（1）　1次元スリット

ξ 方向に垂直な，開口幅が $2a$ の1次元スリットの開口関数は，光を透過する部分を1，遮断する部分を0とすると，

$$g(\xi) = \begin{cases} 1 & (|\xi| \leq a) \\ 0 & (|\xi| > a) \end{cases} \tag{3.12}$$

で表される．この場合のフラウンホーファ回折は，式(3.11)の1次元表現である

$$U(x) = C \int g(\xi) \exp\left(-\frac{2\pi i x \xi}{\lambda z}\right) d\xi \tag{3.13}$$

を用いて求められる．これに式(3.12)を適用すると，

$$U(x) = C \int_{-a}^{a} \exp\left(-\frac{2\pi i x \xi}{\lambda z}\right) d\xi = U(0) \frac{\sin(2\pi a x/\lambda z)}{(2\pi a x/\lambda z)} \tag{3.14}$$

を得る．したがって，1次元スリットの観測強度分布 $I(x)$ は

$$I(x) = I(0) \frac{\sin^2(2\pi a x/\lambda z)}{(2\pi a x/\lambda z)^2} \tag{3.15}$$

となる．

図3.4にスリット開口のフラウンホーファ回折の振幅分布（式(3.14)）と強度分布（式(3.15)）を示す．図に見られるように，回折光強度は原点で最大で，そこから減少し，0になったのち振動的に減少する．この最初に0になるまでの広がりを Δx とすると，

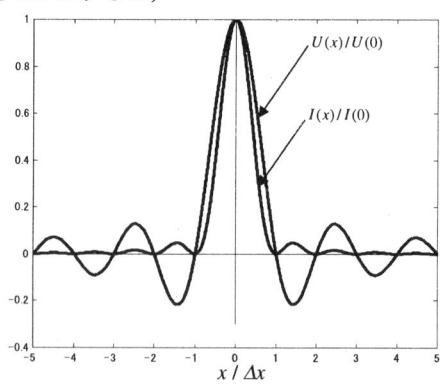

図3.4　スリット開口のフラウンホーファ回折の振幅分布 $U(x)$ と強度分布 $I(x)$

$$\Delta x = \frac{\lambda z}{2a} \tag{3.16}$$

であり，スリットの開口幅 $2a$ に逆比例する．このように，回折光の広がりが開口の大きさに逆比例する結果は，フラウンホーファ回折が数学的にフーリエ変換と同等であることによる一般的な特性である．

（2） 線状物体

1次元スリットと同様な状況で，線幅 $2a$ からなる線状物体の開口関数 $h(\xi)$ は

$$h(\xi) = \begin{cases} 0 & (|\xi| < a) \\ 1 & (|\xi| \geq a) \end{cases} \tag{3.17}$$

で与えられる．これと式(3.12)とには

$$g(\xi) + h(\xi) = 1 \tag{3.18}$$

の関係にあり，これを互いに相補的であるという．式(3.18)を用いると，$h(\xi)$ のフラウンホーファ回折の振幅分布は

$$U(x) = C \int \{1 - g(\xi)\} \exp\left(-\frac{2\pi i x \xi}{\lambda z}\right) d\xi \tag{3.19}$$

と書ける．第1項の積分は，デルタ関数 $\delta(x)$ の一つの定義にもとづくと，

$$\int \exp\left(-\frac{2\pi i x \xi}{\lambda z}\right) d\xi = \lambda z \delta(x) \tag{3.20}$$

であり，第2項に対して式(3.14)の結果を用いると，式(3.19)は

$$U(x) = \lambda z C \delta(x) - (2aC) \frac{\sin(2\pi ax/\lambda z)}{(2\pi ax/\lambda z)} \tag{3.21}$$

となる．デルタ関数 $\delta(x)$ の値は $x = 0$ 以外では 0 であるので，この点を除けば，式(3.21)の強度分布はスリット開口の結果である式(3.14)に一致する．

このように，「互いに相補的な関係にある2つの開口のフラウンホーファ回折強度分布は，原点を除いて等しい」．これを**バビネの原理**（Babinet's principle）という．

【例題 3.3】 開口幅 $2a = 10\,\mu\mathrm{m}$ の1次元スリットが波長 $\lambda = 0.6\,\mu\mathrm{m}$ の光で照射され，スリット面から $1\,\mathrm{m}$ ($z = 1\,\mathrm{m}$) 離れた点でその回折を観測するものとする．観測面での強度は，$\theta \equiv 2\pi ax/\lambda z$ と置くと，$\theta = 0, \frac{3}{2}\pi, \frac{5}{2}\pi$ でほぼ極

大となる．これらの点での回折光強度を求めよ．ただし，原点での強度を$I(0)$とする．

【解】 回折光強度$I(x)$は式(3.15)より

$$I(x) = I_0 \left(\frac{\sin\theta}{\theta} \right)^2, \quad \theta = \frac{2\pi ax}{\lambda z}$$

である．$\theta = 0$のときは$0/0$の不定形となるから

$$I(0) = \lim_{\theta \to 0} I(x) = I_0 \lim_{\theta \to 0} \frac{\sin^2\theta}{\theta^2} = I_0$$

$$I(3\pi/2) = I_0 \frac{4}{9\pi^2} \fallingdotseq 0.045 I_0$$

$$I(5\pi/2) = I_0 \frac{4}{25\pi^2} \fallingdotseq 0.016 I_0$$

3.4 回折格子による回折

3.3節で扱った1次元スリットを周期的に並べたものを**回折格子**（grating）という（図3.5参照）．おのおののスリットの開口幅を$2a$，周期をΛ，開口数をNとすると開口関数$f(\xi)$は式(3.12)の開口関数$g(\xi)$を用いて

$$f(\xi) = \sum_{m=0}^{N-1} g(\xi - m\Lambda) \tag{3.22}$$

と書ける．式(3.13)を用いると$z = z$での回折格子のフラウンホーファ回折における振幅分布は

$$U(x) = C \int f(\xi) \exp\left(-\frac{2\pi i x \xi}{\lambda z}\right) d\xi$$

$$= C \sum_{m=0}^{N-1} \int g(\xi - m\Lambda) \exp\left(-\frac{2\pi i x \xi}{\lambda z}\right) d\xi$$

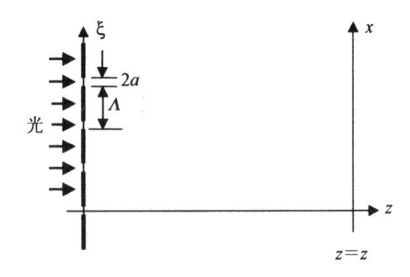

図3.5 回折格子による回折

$$= C \sum_{m=0}^{N-1} \exp\left(-\frac{2\pi i m \Lambda x}{\lambda z}\right) \int g(\xi) \exp\left(-\frac{2\pi i x \xi}{\lambda z}\right) d\xi$$

$$= (2aC) \frac{\sin(\pi N \Lambda x/\lambda z)}{\sin(\pi \Lambda x/\lambda z)} \frac{\sin(2\pi ax/\lambda z)}{2\pi ax/\lambda z} \times \exp\left\{-i\frac{\pi x \Lambda}{\lambda z}(N-1)\right\} \quad (3.23)$$

となる．したがって，回折光の強度分布は

$$I(x) = I(0) \left\{\frac{\sin(\pi N \Lambda x/\lambda z)}{\sin(\pi \Lambda x/\lambda z)}\right\}^2 \left\{\frac{\sin(2\pi ax/\lambda z)}{2\pi ax/\lambda z}\right\}^2 \quad (3.24)$$

と得られる．ここで，$I(0)$ は観測面の原点 ($x=0$) における強度である．

上式の第1因子は，単一のスリットが N 個並んだ回折格子によるもので，第2の因子は単一スリットの回折強度分布である式(3.15)そのものである．図3.6は $N=200$, $\Lambda/a=10$ として式(3.24)を描いたものである．

これからわかるように，回折格子のフラウンホーファ回折には，式(3.15)を包絡線とする分布の中に輝線状の鋭い周期的な強度分布が生じる．中心の最大強度の現れを0次回折光といい，その周りに順に±1次，±2次，…の回折光が生じる．+1次の回折光の現れる位置は

$$x_{+1} = \frac{\lambda z}{\Lambda} \quad (3.25)$$

であって，光の波長 λ に比例して変化する．この波長変化による+1次の回折光の位置変化を測定して回折格子を照射する光の波長（したがって，振動数）が測定できる．この性質は，光を波長によって分ける分光器などに利用されている．

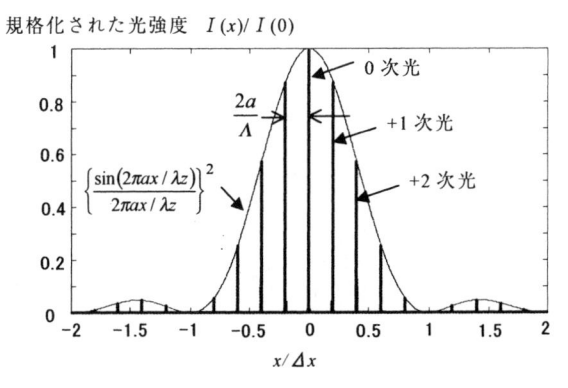

図3.6 回折格子のフラウンホーファ回折強度分布．$N=200$, $\Lambda/a=10$ の場合（Δx は式(3.16)に示されている）

48　第3章　光の回折と結像

> **【例題 3.4】** 波長が $\lambda_1 = 1.30\ \mu\text{m}$ と $\lambda_2 = 1.31\ \mu\text{m}$ のレーザ光が，1 cm あたり 1,200 本のスリットからなる回折格子に照射されている．回折格子から 0.5 m 離れた観測面上で λ_1 と λ_2 の光強度のピークはどれだけ離れるか．ただし，1 次の回折光を考える．
>
> **【解】** 1 cm あたり 1,200 本のスリットであるから回折格子の周期は $\Lambda = \dfrac{1}{1200}$ cm となる．λ_1 の強度ピークの位置を x_1，λ_2 のそれを x_2 とすると，式 (3.25) より $z = 0.5$ m として
> $$x_1 = 1.30 \times 10^{-6} \times 0.5 \times 1200 \times 10^2 \fallingdotseq 0.0780 \ \text{m}$$
> $$x_2 = 1.31 \times 10^{-6} \times 0.5 \times 1200 \times 10^2 \fallingdotseq 0.0786 \ \text{m}$$
> したがって，$|x_1 - x_2| \fallingdotseq 0.6$ mm だけ離れることになる．

3.5　2次元開口のフラウンホーファ回折

（1）矩形開口

図 3.7 に示すような ξ 軸方向に $2a$，η 軸方向に $2b$ の幅をもつ矩形開口の開口関数は

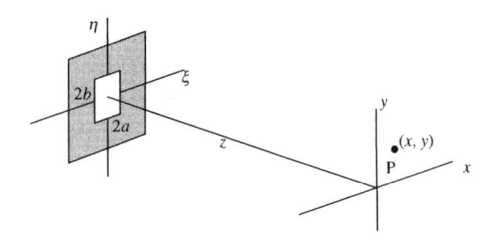

図 3.7　矩形開口の回折

$$g(\xi, \eta) = \begin{cases} 1 & (|\xi| \leq a,\ |\eta| \leq b) \\ 0 & (|\xi| > a,\ |\eta| > b) \end{cases} \tag{3.26}$$

と書ける．これを式 (3.11) に用いると，点 P の複素振幅は

$$U(x, y) = C \int_{-b}^{b} \int_{-a}^{a} \exp\left\{-\frac{2\pi i(x\xi + y\eta)}{\lambda z}\right\} d\xi d\eta \tag{3.27}$$

と表される．この積分は変数分離できるので，式 (3.14) の積分と同様に，

$$U(x, y) = U(0, 0) \frac{\sin(2\pi a x/\lambda z)}{(2\pi a x/\lambda z)} \times \frac{\sin(2\pi b y/\lambda z)}{(2\pi b y/\lambda z)} \tag{3.28}$$

が得られる．ここで，$U(0,0) = 4abC$ である．この振幅分布の観測強度分布は単に $I(x,y) = |U(x,y)|^2$ として得られる．

> **【例題 3.5】** η 軸方向に長い矩形開口が $\xi\eta$ 面上に置かれていると，観測面 xy 面上での回折光強度のゼロ点はどうなるか．
>
> **【解】** 図 3.7 において，$b > a$ の場合に相当する．この場合の回折光の振幅分布は式 (3.28) より
>
> $$U(x,y) = U(0,0)\frac{\sin(2\pi ax/\lambda z)}{2\pi ax/\lambda z} \times \frac{\sin(2\pi by/\lambda z)}{2\pi by/\lambda z}$$
>
> である．回折光分布のゼロ点は回折光強度のゼロ点でもあるから，上式の x 方向の最初のゼロ点 x_1 と y 方向の最初のゼロ点 y_1 を求めると
>
> $$\frac{2\pi ax_1}{\lambda z} = \pi \quad \text{より} \quad x_1 = \frac{\lambda z}{2a}$$
>
> また，$\dfrac{2\pi by_1}{\lambda z} = \pi$ より $y_1 = \dfrac{\lambda z}{2b} = \dfrac{a}{b}x_1 < x_1$
>
> まったく同様の大小関係がほかのゼロ点の組み合わせでも導出でき
>
> $$y_2 = \frac{a}{b}x_2, \quad y_3 = \frac{a}{b}x_3, \cdots$$
>
> となる．
> すなわち y 軸方向は x 軸方向に比較して縮小された回折光強度分布となる．

（2） 円形開口

次に，(ξ,η) 面の原点を中心とした半径 a の円形開口のフラウンホーファ回折を調べる（図 3.8）．この場合には，開口面座標を極座標 (r,θ)，観測面座標を極座標 (ρ,ϕ) に変数変換すると，式 (3.11) のフラウンホーファ回折積分は

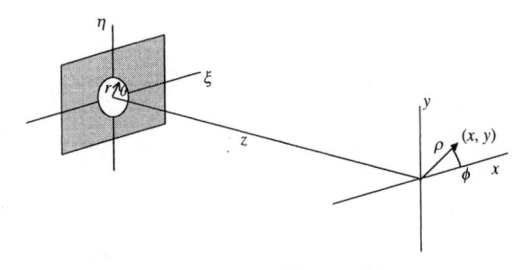

図 3.8 円形開口の回折

と書き換えられる．また，極座標による円形の開口関数は

$$U(\rho, \phi) = C\int_0^{2\pi}\int_0^a g(r, \theta)\exp\left\{-\left(\frac{2\pi i}{\lambda z}\right)r\rho\cos(\theta - \phi)\right\}rdrd\theta \tag{3.29}$$

$$g(r, \theta) = \begin{cases} 1 & (r \leq a) \\ 0 & (r > a) \end{cases} \tag{3.30}$$

と表されるので，これを式(3.29)に用いると

$$U(\rho, \phi) = C\int_0^{2\pi}\int_0^a \exp\left\{-\left(\frac{2\pi i}{\lambda z}\right)r\rho\cos(\theta - \phi)\right\}rdrd\theta \tag{3.31}$$

となる．ここで0次のベッセル関数が

$$J_0(\chi) = \frac{1}{2\pi}\int_0^{2\pi}\exp(-i\chi\cos\alpha)d\alpha \tag{3.32}$$

と表されるので，式(3.31)のθに関する積分を先に実行すると，

$$U(\rho, \phi) = 2\pi C\int_0^a J_0\left(\frac{2\pi r\rho}{\lambda z}\right)rdr \tag{3.33}$$

を得る．この定積分は，ベッセル関数に関する積分公式（問題3.3参照）を用いることによって，

$$U(\rho, \phi) = C\left\{\frac{2J_1\left(\frac{2\pi a\rho}{\lambda z}\right)}{\left(\frac{2\pi a\rho}{\lambda z}\right)}\right\} \tag{3.34}$$

となる．ここで，$J_1(x)$は1次のベッセル関数である．式(3.34)の結果が角度ϕに無関係であることは，回折光の分布も原点の周りで中心対称であることを意味している．

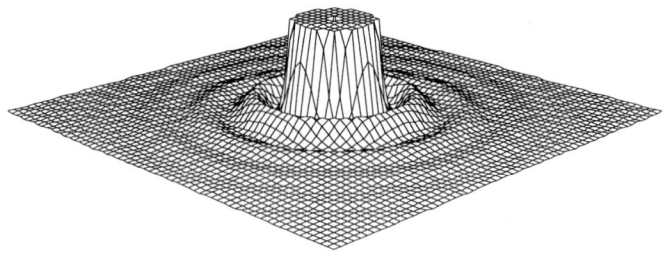

図3.9 エアリーディスク・パターンの3次元表示（$|U|^2$の計算値）中心の部分は最大値の約1/20の値でクリップしてある．

式 (3.34) において，$[2J_1(\chi)/\chi]$ は，$\chi = 0$ で最大値 1 をとり，χ の増加とともに減少し，$\chi \approx 1.22\pi$ で一度ゼロになったのち振動的に小さくなる．この最初にゼロになる回折光の広がり半径 ρ_0 は

$$\rho_0 \fallingdotseq \frac{0.61\lambda z}{a} \qquad (3.35)$$

であり，開口半径 a に逆比例して小さくなるが，円形開口を出た光のパワーの 83% 以上がこの半径内部に集中することが知られている（図 3.9 参照）．なお，円形開口の同心円状の回折パターンを，特に，**エアリーディスク**（Airy disk）という．

3.6 ガウスビームのフレネル回折

（1）ガウスビームとは

通常のレーザから放射される光は，その断面の振幅形状がガウス関数で表現できることから**ガウスビーム**（Gaussian beam）と呼ばれる．ここでは，このビームのフレネル回折を調べてみよう（5.2 節も参照のこと）．いま，ガウスビームの開口関数（振幅分布）を

$$g(\xi, \eta) = \sqrt{I_0} \exp\left(-\frac{\xi^2 + \eta^2}{w_0^2}\right) \qquad (3.36)$$

と表す．ここで，原点での最大振幅を $\sqrt{I_0}$ とした．また，w_0 は開口面でのビーム半径で，振幅が最大振幅値の $e^{-1}(\approx 0.368)$ の値に減少する原点からの距離として定義される．なお，式 (3.36) の観測強度は

$$I(\xi, \eta) = |g(\xi, \eta)|^2 = I_0 \exp\left\{-\frac{2(\xi^2 + \eta^2)}{w_0^2}\right\} \qquad (3.37)$$

であるので，w_0 は $\xi\eta$ 面上で強度が最大値の $e^{-2}(\approx 0.135)$ の値に減少する原点からの距離として測定できる．

（2）ガウスビームの伝搬

式 (3.36) を式 (3.8) に代入すると，ξ と η に関する積分は変数分離できて

$$U(x, y) = C\sqrt{I_0}S(x)S(y) \qquad (3.38)$$

と書ける．ただし，

$$S(x) = \int \exp\left(-\frac{\xi^2}{w_0^2}\right) \exp\left(\frac{i\pi\xi^2}{\lambda z}\right) \exp\left(-\frac{2\pi i x \xi}{\lambda z}\right) d\xi \qquad (3.39)$$

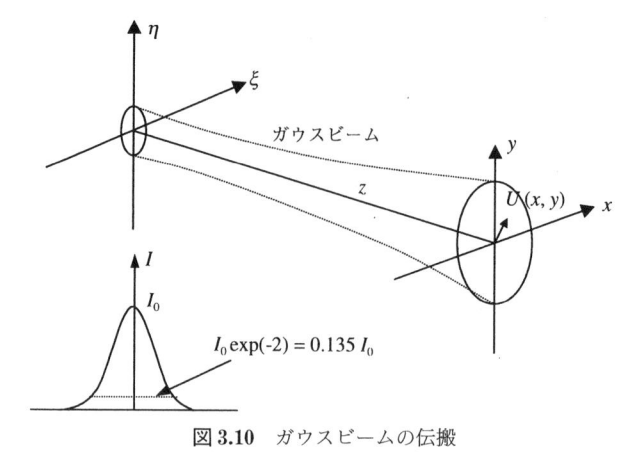

図 3.10 ガウスビームの伝搬

である．これに次の積分公式

$$\int \exp(-Ax^2)\exp(iBx^2)\exp(iCx)dx$$
$$= \frac{\sqrt{\pi}}{(A^2+B^2)^{1/4}}\exp\left\{-\frac{AC^2}{4(A^2+B^2)}\right\}\exp\left\{-i\frac{BC^2}{4(A^2+B^2)}\right\}$$
$$\times \exp\left\{\left(\frac{i}{2}\right)\tan^{-1}\left(\frac{B}{A}\right)\right\} \tag{3.40}$$

を適用すると，式(3.39)は解析的に計算でき，式(3.38)は

$$U(x,y) = \sqrt{I_0}\left(\frac{w_0}{w(z)}\right)\exp\left\{-\frac{x^2+y^2}{w^2(z)}\right\}\exp\left\{\frac{i\pi(x^2+y^2)}{\lambda R(z)}\right\}$$
$$\times \exp\left\{i\tan^{-1}\left(\frac{z_0}{z}\right)\right\} \tag{3.41}$$

となる．ただし，

$$z_0 = \frac{Kw_0^2}{2} = \frac{\pi w_0^2}{\lambda} \tag{3.42}$$

であり，これを用いて $w(z)$ と $R(z)$ は

$$w(z) = w_0\sqrt{1+\frac{z^2}{z_0^2}} \tag{3.43}$$

$$R(z) = z\left(1+\frac{z_0^2}{z^2}\right) \tag{3.44}$$

である．ここで，$w(z)$, $R(z)$ は z の位置でのビーム半径と波面の曲率半径で

ある．

式(3.41)の観測強度は

$$I(x,y) = |U(x,y)|^2 = I_0 \left\{\frac{w_0}{w(z)}\right\}^2 \exp\left\{-\frac{2(x^2+y^2)}{w^2(z)}\right\} \quad (3.45)$$

であり，これからわかるように，ガウスビームは回折伝搬したのちもガウスビームで，その**ビーム半径** $w(z)$ と波面（等位相面）の**曲率半径** $R(z)$ は伝搬距離 z に依存する．

（3） ガウスビームの特性

図 3.11 において，開口面は $z=0$ の位置である．式(3.43)によると，ビーム半径はその面で最小の w_0 であり，伝搬距離 z が大きくなるにつれて，原点からの発散角が

$$\theta_0 = \tan^{-1}\left(\frac{\lambda}{\pi w_0}\right) \quad (3.46)$$

で与えられる直線に漸近しつつ増大する．一方，式(3.44)によればビーム波面の曲率半径 $R(z)$ は，$z=0$ の開口面では無限大で，$z=z_0$ で最小値 $2z_0$ をとり，その後は z とともに増大する．ここで，波面の曲率半径が無限大であるということは，その位置で波面が平面であることを意味する．このように，ガウスビームの伝搬特性は式(3.42)の**特性距離** z_0 が与えられると（すなわち，w_0 と波長 λ が与えられると），伝搬距離 z の関数として一義的に決まる．

たとえば，1 mW 程度の He-Ne レーザ（波長 $\lambda = 0.6328\,\mu\text{m}$）では，ビーム半径は通常 $w_0 = 1$ mm 程度であるので，特性距離 z_0 はおよそ 3 m であり，ビームの発散角は $\theta_0 = 0.01°$ と小さい．このため，He-Ne レーザ光はほとんど広がらずに伝搬する．一方，発光領域がきわめて小さい半導体レーザの場合には，ビーム発散角は大きくなる．一例として，波長を $\lambda = 1\,\mu\text{m}$ とし，$w_0 = 1$

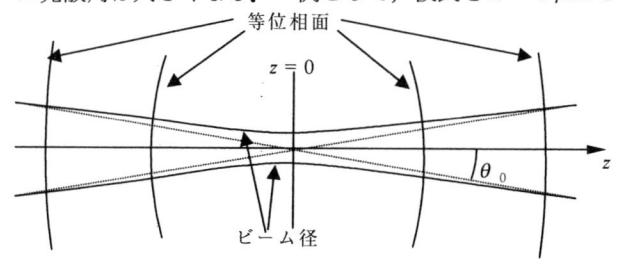

図 3.11 ガウスビームの伝搬におけるビーム径と波面の変化

μm とすると，特性距離は $z_0 = 3.14\ \mu\mathrm{m}$ で，発散角は $\theta_0 = 17.7°$ となる．この角度は 1 m 離れた距離で 60 cm（直径）以上の広がりに相当する．ただし，半導体レーザの発光領域（活性領域）は円形ではなく，直交する方向のビーム径は数倍程度大きく，その方向の発散角はその比率に応じて小さい値になる．

凸レンズにガウスビームを通すと，ビームはいったん絞られてふたたび広がる．このとき，レンズ直後の面を開口面に考えると，やはり式(3.41)が導かれる．図3.11は，このような場合のガウスビームの伝搬を含めて z が負の領域も示してある．ビーム半径が最小の位置をビームウエストといい，この位置では波面が平面である．つまり，式(3.36)から始めた議論は，ビームウエスト半径が w_0 のウエスト位置からのガウスビームの回折伝搬である．

なお，ここではガウスビームの回折伝搬をフレネル回折積分によって求めたが，式(3.41)は波動方程式の解として得られる一般的な結果と一致する．

【例題 3.6】 $\xi = \eta = z = 0$ の点から放射される球面波の振幅 E は

$$E \propto \frac{1}{r} e^{iKr}$$

で表される．ただし r は $\xi = \eta = z = 0$ から観測点 (x, y, z) までの距離であり，$K = \dfrac{2\pi}{\lambda}$ は波数である．z 軸近傍 $(x^2 + y^2 \ll z^2)$ でのみ考え，かつ特性距離 z_0 より z が充分大きい $(z \gg z_0)$ 場合にはこの波面はガウスビームの波面と一致することを示せ．

【解】

$$E \propto \frac{1}{r} e^{iKr} = \frac{1}{r} \exp\left(i \frac{2\pi}{\lambda} \sqrt{x^2 + y^2 + z^2}\right)$$

$$= \frac{1}{r} \exp\left(i \frac{2\pi}{\lambda} z \sqrt{1 + \frac{x^2 + y^2}{z^2}}\right)$$

$$\approx \frac{1}{r} \exp\left\{i \frac{2\pi}{\lambda} z \left(1 + \frac{x^2 + y^2}{2z^2}\right)\right\}$$

$$= \frac{1}{r} \exp(iKz) \exp\left\{i \frac{\pi(x^2 + y^2)}{\lambda z}\right\}$$

一方，xy 面でのガウスビームの位相部分は式(3.41)より

$$\exp\left\{\frac{i\pi(x^2 + y^2)}{\lambda R(z)}\right\} \exp\left\{i \tan^{-1}\left(\frac{z_0}{z}\right)\right\} \approx \exp\left\{\frac{i\pi(x^2 + y^2)}{\lambda z}\right\} \exp(i0)$$

となる．ここで，$z \gg z_0$ のとき式(3.44)から $R(z) \approx z$ であることを用いた．

なお $\exp(iKz)$ の因子は，式(3.9)に含まれている．すなわちガウスビームの等位相面は，充分遠方ではビームウエストを中心とする球面状になっている．

3.7 レンズの回折

通常の凸レンズは，中心部が最も厚く，周辺部にいくにつれて薄くなっていて，この形状効果によって光を集光する．ここでは，この効果を回折理論にもとづいて述べる．

（1） レンズは位相変換素子

図3.12のように，(ξ, η)面におかれたレンズが左側から平面波で照射されたとき，P_1面における光波がP_2面を出るときの光波の変化を考える．図において，Δ_0は中心部の厚み（最大）であり，$\Delta(\xi, \eta)$は(ξ, η)の点における厚みである．レンズの屈折率nは$n > 1$であるので，中心部を通る光が最も遅れ，周辺部を通る光が先にP_2面を出る．このとき，レンズの前面および後面の曲面がともに球面であるとき，中心位置を基準にした（すなわち，$\xi = \eta = 0$での位相を0とした）波長λの光波の位相遅れ$\phi(\xi, \eta)$は，

$$\phi(\xi, \eta) = -\frac{\pi(\xi^2 + \eta^2)}{\lambda f} \tag{3.47}$$

で与えられることが知られている．ここで，fはレンズの屈折率と表面の曲率で決まる定数である（後述されるように，これはレンズの焦点距離である）．つまり，レンズを出た光は周辺部ほど位相が進んでいる．なお，式(3.47)はレンズの厚みが無視できるときに成り立ち，この条件が満足されるレンズを薄肉レンズという．このように，レンズは入射光の位相を変化させる位相変換素

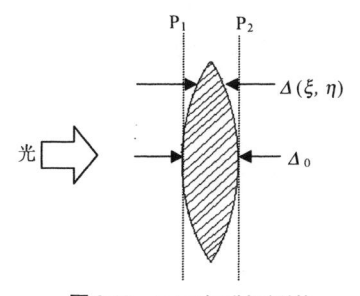

図3.12 レンズの断面形状

子である．

（2）レンズの集光作用

さて，レンズが開口面にあるときのフレネル回折を調べてみよう．レンズが平面波で照射されているとき，式(3.47)を用いるとレンズの開口関数は

$$g(\xi, \eta) = t(\xi, \eta) \exp\left\{-\frac{i\pi(\xi^2 + \eta^2)}{\lambda f}\right\} \quad (3.48)$$

と表される．ここで，$t(\xi, \eta)$はレンズの形状を含む振幅透過率（関数）で，レンズ関数と呼ばれる．式(3.48)を式(3.8)に用いると，

$$U(x, y) = C \iint t(\xi, \eta) \exp\left\{\frac{i\pi}{\lambda}\left(-\frac{1}{f} + \frac{1}{z}\right)(\xi^2 + \eta^2)\right\}$$
$$\times \exp\left\{-\frac{i2\pi(x\xi + y\eta)}{\lambda z}\right\} d\xi d\eta \quad (3.49)$$

を得る．いま観測面が$z = f$の位置であるとき上式は

$$U(x, y) = C \iint t(\xi, \eta) \exp\left\{-\frac{i2\pi(x\xi + y\eta)}{\lambda f}\right\} d\xi d\eta \quad (3.50)$$

となる．すなわち，$z = f$の面にはレンズ関数の2次元フーリエ変換と同等な光の場が形成される．

したがって，この面はフラウンホーファ回折面と等価で，円形レンズの場合にはエアリーディスクが形成される．振幅透過率がレンズの全面で1であるとき，レンズ径を大きくしていくにつれて，式(3.35)で与えられるエアリーディスクの中央領域の半径ρ_0はますます小さくなる．つまり，平面波で照射されたレンズを出た光の大部分が小さな点に集まる．このことは距離fが**焦点距離**であることを意味している．

（3）レンズによるフーリエ変換と空間周波数

式(3.50)はレンズの焦点面にレンズ関数$t(\xi, \eta)$の2次元フーリエ変換が形成されることを意味している．そこで，レンズの直前か直後にレンズの振幅透過率を変調する透過物体を置くと，その物体の空間的な透過率分布の2次元（複素）フーリエ変換，つまり**空間的スペクトル**分布が焦点面で得られる．実際には，その場の光強度を観測すると，物体のフーリエ変換（式(3.50)）の絶対値の2乗が得られる．これは，物体の透過率分布の**パワースペクトル分布**にほかならない．

3.7 レンズの回折　**57**

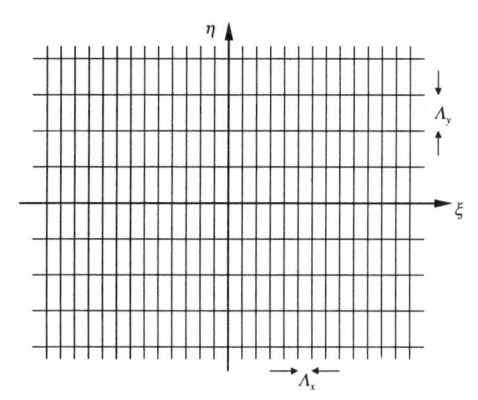

図 3.13 正弦波クロス格子の透過率が極大の所

　以上のことを理解するために，簡単な具体例を示そう．図 3.13 に ξ 方向と η 方向の周期がそれぞれ Λ_x，Λ_y である正弦波クロス格子の強度が極大となる所（線）を示す．この格子がレンズの直前に置かれ，平面波で照射されたときの，焦点面のパワースペクトル分布を調べる．いま，これによって変調されたレンズ関数を，a，b を定数として，

$$t(\xi, \eta) = 1 + a\cos\left(\frac{2\pi\xi}{\Lambda_x}\right) + b\cos\left(\frac{2\pi\eta}{\Lambda_y}\right) \quad (3.51)$$

と表す．これを式(3.50)に代入すると，

$$U(x,y) = C(\lambda f)^2 \Big[\delta(x)\delta(y) + \frac{a}{2}\delta(y)\left\{\delta\left(x - \frac{\lambda f}{\Lambda_x}\right) + \delta\left(x + \frac{\lambda f}{\Lambda_x}\right)\right\} \\ + \frac{b}{2}\delta(x)\left\{\delta\left(y - \frac{\lambda f}{\Lambda_y}\right) + \delta\left(y + \frac{\lambda f}{\Lambda_y}\right)\right\}\Big] \quad (3.52)$$

を得る．ここで得られた結果が δ 関数になるのは，レンズの大きさが変調周期に比べて十分大きいものとして，レンズの外形の効果を無視したためである．
　図 3.14 の左図に式(3.52)で得られた焦点面の実空間におけるパワースペクトル分布を示す．また，右図は $(x/\lambda f,\ y/\lambda f)$ の座標軸上にこの分布を表示したものである．この表示では，パワースペクトル分布は格子の周期の逆数すなわち空間周波数の分布として表される．このように，光学物体の空間的周期構造は 2 次元の空間周波数の分布として評価できる．

58　第3章　光の回折と結像

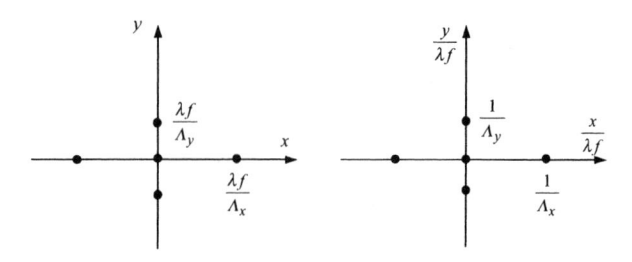

図 3.14　観測面の実空間におけるパワースペクトル（左）と
その空間周波数表示（右）

なお，上の例では座標軸に沿った2つの正弦波格子を考えたが，傾いた方向の格子に対してはパワースペクトルはその傾き角だけ回転した方向に分布することは容易に推察されるであろう．

【例題3.7】 上記のパワースペクトル分布は，電気・電子工学でよく用いられるスペクトル分布と数学的には同じものである．時間信号の例として電圧 $V = V_0 \cos(2\pi\nu_0 t)$ とその時間領域でのスペクトル分布 $V_0 \delta(\nu - \nu_0)$ の関係と，正弦波クロス格子に関するレンズ関数（明るさ）の式(3.51)とその空間領域でのスペクトル分布の式(3.52)の関係を比較し，一致点と相違点を記せ．

【解】　一致点：

① 電圧の大きさがひんぱんに変化する（時間周波数 ν_0 が大きい），あるいは明るさがひんぱんに変化する（空間周波数 Λ_x^{-1} または Λ_y^{-1} が大きい）と，スペクトル分布は原点から離れていく．

② 振幅が大きいと，スペクトル分布の振幅も大きくなる．

相違点：

① 時間領域でのスペクトル分布は1次元であるが，空間領域のスペクトルは2次元である．

② 時間領域の関数は電圧なので正の値も負の値も許されるが，空間領域の関数は明るさ（強度）なので正の値しか許されない（この相違は時間領域と空間領域との相違のためではない）．

③ 式(3.52)はスペクトル分布の座標軸が λf 倍に拡大されている．これはレンズを用いたためであり，この相違は時間領域と空間領域の相違のためではない．

3.8 結像

結像とは,物体面上のすべての点と一対一の対応関係をもつ光の場を形成することをいう.ここでは,レンズによる結像を回折理論にもとづいて明らかにする.

(1) 結像における光波の伝搬

図 3.15 に薄肉レンズによる結像の光学配置を示す.ここで,物体面,レンズ面そして観測面の座標をそれぞれ (x_0, y_0),(ξ, η),(x, y) とし,物体面の光の振幅分布(物体関数)を $g_0(x_0, y_0)$,レンズ直前の振幅分布を $U_0(\xi, \eta)$,レンズ直後の振幅分布を $g(\xi, \eta)$,そして観測面の振幅分布を $U(x, y)$ で表す.また,レンズ関数を $t(\xi, \eta)$ とし,物体面からレンズ面およびレンズ面から観測面までの距離をそれぞれ a,b とする.

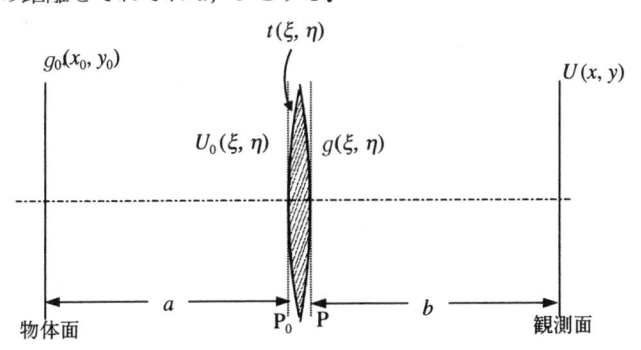

図 3.15 レンズによる結像の基本的光学座標系

結像における光波の伝搬は,物体面からレンズ面への伝搬,レンズ面での位相変換,そしてレンズ面から観測面(**結像面**)への伝搬として扱われる.このときの伝搬はいずれもフレネル回折伝搬である.まず,物体面からレンズ面へのフレネル回折伝搬を式 (3.8) を用いて考える.レンズ面直前の光波の振幅は

$$U_0(\xi, \eta) = C_1 \iint g_0(x_0, y_0) \exp\left\{\frac{i\pi(\xi^2 + \eta^2)}{\lambda a}\right\} \\ \times \exp\left\{-\frac{2\pi i(\xi x_0 + \eta y_0)}{\lambda a}\right\} \exp\left\{\frac{i\pi(x_0^2 + y_0^2)}{\lambda a}\right\} dx_0 dy_0 \tag{3.53}$$

と書ける．ここで，

$$C_1 = \frac{1}{a} \exp\{-i(\omega t - Ka + \phi)\} \qquad (3.54)$$

である．

次に，レンズ面直後の光波の振幅 $g(\xi, \eta)$ は，レンズ関数 $t(\xi, \eta)$ とレンズの位相変換因子（式(3.48)）を乗じて，

$$g(\xi, \eta) = U_0(\xi, \eta) t(\xi, \eta) \exp\left\{-\frac{i\pi(\xi^2 + \eta^2)}{\lambda f}\right\} \qquad (3.55)$$

となる．ここで，f はレンズの焦点距離である．最後に，レンズ面から観測面へのフレネル回折伝搬を表すと，

$$\begin{aligned}U(x, y) = C_2 \iint g(\xi, \eta) &\exp\left\{\frac{i\pi(\xi^2 + \eta^2)}{\lambda b}\right\} \\ &\times \exp\left\{-\frac{2\pi i(x\xi + y\eta)}{\lambda b}\right\} d\xi d\eta \end{aligned} \qquad (3.56)$$

である．ここで，

$$C_2 = \frac{1}{b} \exp\{-i(\omega t - Kb + \phi)\} \exp\left\{\frac{i\pi(x^2 + y^2)}{\lambda b}\right\} \qquad (3.57)$$

である．

（2） 結像の条件と特性

観測面の強度分布 $I(x, y) = |U(x, y)|^2$ は，式(3.55)に式(3.53)を代入し，その結果を式(3.56)に代入して得られる．この結果を，簡単のために比例因子を省略して表すと，

$$\begin{aligned}I(x, y) = \Big| \iint dx_0 dy_0 g_0(x_0, y_0) &\exp\left\{\frac{i\pi(x_0^2 + y_0^2)}{\lambda a}\right\} \\ \times \iint d\xi d\eta\, t(\xi, \eta) &\exp\left\{\frac{i\pi}{\lambda}\left(\frac{1}{a} + \frac{1}{b} - \frac{1}{f}\right)(\xi^2 + \eta^2)\right\} \\ \times \exp\Big[-\frac{2\pi i}{\lambda}&\left\{\left(\frac{x_0}{a} + \frac{x}{b}\right)\xi + \left(\frac{y_0}{a} + \frac{y}{b}\right)\eta\right\}\Big] \Big|^2 \end{aligned}$$

$$(3.58)$$

となる．ここで，

$$\frac{1}{a} + \frac{1}{b} - \frac{1}{f} = 0 \qquad (3.59)$$

が満足され，かつレンズが十分に大きく実質的に $t(\xi,\eta)=1$ とおけるときには式(3.58)は

$$I(x,y) = \left| \iint dx_0 dy_0 g_0(x_0,y_0) \exp\left\{\frac{i\pi(x_0^2+y_0^2)}{\lambda a}\right\} \right.$$
$$\left. \times \iint d\xi d\eta \exp\left[-\frac{2\pi i}{\lambda}\left\{\left(\frac{x_0}{a}+\frac{x}{b}\right)\xi + \left(\frac{y_0}{a}+\frac{y}{b}\right)\eta\right\}\right]\right|^2$$
(3.60)

となる．第2の積分は，比例因子を省略すると，デルタ関数の積

$\delta\left(x_0+\dfrac{ax}{b}\right)\delta\left(y_0+\dfrac{ay}{b}\right)$ となる．これを用いると最終的に式(3.60)は

$$I(x,y) = \left| g_0\left(-\frac{a}{b}x, -\frac{a}{b}y\right)\right|^2 \qquad (3.61)$$

となる．この結果は，(縮小)**倍率** $M=-b/a$ の物体像が形成されることを意味している．

条件式(3.59)は**結像の式**と呼ばれる．この関係式より，$a>f$ であれば $b>0$ であり，$a<f$ であれば $b<0$ である．前者は**実像**，後者は**虚像**と対応する．実像の場合は $M<0$ であるので**倒立像**，虚像は $M>0$ で**正立像**である．

【例題3.8】 凸レンズの結像作用により虚像が生じているとする．虚像のできる位置においた写真フィルムに像は写るか．
【解】 虚像はレンズを出てから（図3.15ではレンズの右側）の光があたかもその虚像のできる位置（レンズの左側）から直進して届いているかのように見えるのであって，虚像のできる位置から実際に光が出ているわけではない．したがって，写真フィルムを置いても像は写らない．

演習問題

3.1 式(3.14)の積分を実行して右辺を導出せよ．
3.2 1次元スリットの位置がずれて，開口関数が
$$g(\xi) = \begin{cases} 1 & (|\xi-\xi_0| \leq a) \\ 0 & (|\xi-\xi_0| > a) \end{cases}$$

であるとき，フラウンホーファ回折の振幅分布と強度分布を求めよ．

3.3 ベッセル関数に関する積分公式
$$\int_0^1 t J_0(\alpha t) dt = \frac{J_1(\alpha)}{\alpha}$$
を式(3.33)に適用して，式(3.34)を導出せよ．

3.4 ガウスビームに関して
① 伝搬式(3.41)を導け．
② 遠方での発散角である式(3.46)を導出せよ．
③ 波面の曲率半径が最小になる位置とその最小値を求めよ．

3.5 結像の強度分布式(3.61)は，結像レンズが十分に大きい条件のもとで導出されている．レンズの大きさが問題になるときには，レンズの大きさが結像にどのように影響するか述べよ．

3.6 結像の式(3.59)を用いて，物体面から結像面までの距離が最短になる光学配置を求めよ．ただし，実像の場合とする．

第 4 章

光 の 干 渉

　光を波動の立場から説明しているが，波動の **干渉**（interference）とは，基本的には，2 つの波の重ね合わせの現象である．重ね合わせの結果は 2 つの波の位相関係によって決まる．すなわち，位相が一致していると強め合い，反転していると弱め合う．この現象はすべての波動に共通している．ここでは，光の干渉の基本的な考え方と，干渉現象が観測される条件について学ぶ．

　なお，この章ではすべての光波の偏光は一致しているものとして扱う．

4.1 平面波の干渉

　干渉測定は，参照波（基準となる波）の位相を基準として対象の物体波の位相，すなわち位相差を求めることを目的としてなされる．光の干渉で最も基本となるのは，参照波も物体波も平面波の場合である．

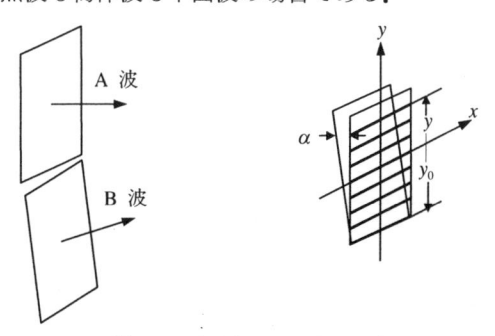

図 4.1 平面波と平面波の干渉

　図 4.1 に波長が λ の A 波と B 波の 2 つの平面波が観測面で干渉する様子を示す（この場合はどちらが参照波でもよい）．このとき，B 波の波面は A 波の波面に対して傾いているものとし，その角度を α とする．また，観測面は A

波の波面に平行であるとし，A 波が観測面に到達したとき，B 波の波面が x 軸に平行な交線で交わるとしよう．その y 軸方向の位置 y_0 で位相が一致しているとすると，そこでは強め合って明るくなる（図では黒い線で示してある）．高さ $y(y > y_0)$ の位置では B 波は遅れて到達するので，その位置での位相差は，

$$\phi(y) = \frac{2\pi n}{\lambda}(y - y_0)\sin\alpha \qquad (4.1)$$

である．ここで，n は媒質の屈折率である．したがって，強め合う位置は m を整数として

$$y = y_0 + \frac{m\lambda}{n\sin\alpha} \qquad (4.2)$$

であり，明るい所が x 軸に平行に周期的に現れ，縞模様となる．このパターンが**干渉縞**である．このとき，干渉縞の縞間隔は一定で次式となる．

$$\Lambda = \frac{\lambda}{n\sin\alpha} \qquad (4.3)$$

以上のことから，平面波どうしの干渉縞は波面の交線に平行な線からなり，縞間隔は $\sin\alpha$ に逆比例し，2 つの平面波のなす角 α が大きくなるにつれて縞間隔が小さくなることがわかる．たとえば，$n = 1$ で $\alpha = 30°$ とすると $\Lambda = 2\lambda$ であるので，μm オーダーの縞間隔になる．この干渉縞を記録するためには千本/mm 以上の解像限界をもつ記録材料（CCD 受光素子やフィルム）が必要である．また，干渉縞が肉眼で観察できる限界として $\Lambda \geq 200\lambda$（およそ 0.1 mm 程度）とすると，$\alpha \leq 0.286°$ でなければならない．このように，干渉縞を観察しようとすると，α を極力小さくしなければならない．このことが，日常的には光の干渉が経験できない理由である．

ここでは，平面波の干渉の場合を扱ったが，これがほとんどの干渉計の基本である．たとえば，図 4.2 のマッハツェンダー干渉計や図 4.3 のトワイマン・グリーン干渉計では，結像レンズを通してレンズ前面に到達する異なる経路からくる 2 つの平面波の干渉を観測する．ただし，被検物体からの光の波面は，球面であったり，あるいは歪んでいる．このようなときには，波面を傾き角の異なる平面波に分割して考えると形成される干渉縞が理解できる．

4.1 平面波の干渉　**65**

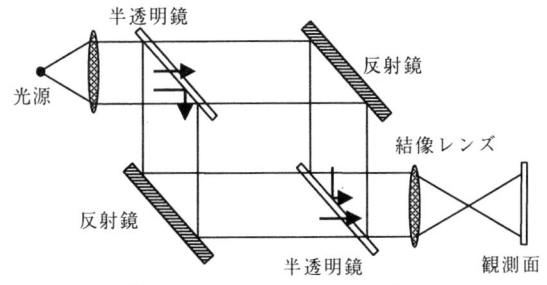

図 4.2　マッハツェンダー干渉計

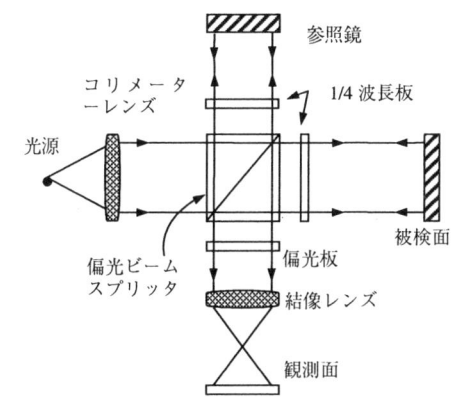

図 4.3　トワイマン・グリーン干渉計

【例題4.1】　図のように，z 軸上の 2 つの点光源 Q_A，Q_B からでる A 波と B 波の球面波によって (x,y) 面に生じる干渉パターンを求めよ．ただし，A 波と B 波の曲率半径はそれぞれ a，b で，ともに波長は λ である．

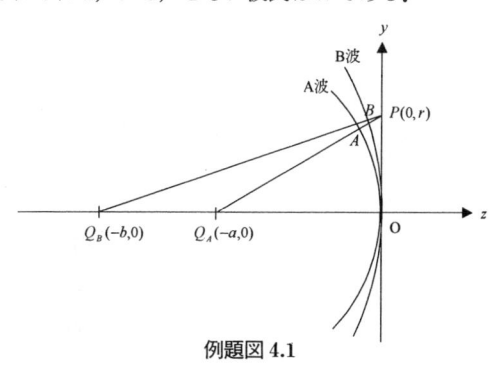

例題図 4.1

【解】 簡単のために,観測面の原点 O で 2 つの波面の位相が一致している場合を考える.干渉縞は z 軸の周りに対称になるので,y 軸上の分布を求める.原点から r の距離にある y 軸上の点 P での両波の位相差 $\Delta\phi(r)$ は

$$\Delta\phi(r) = 2\pi n(AP - BP)/\lambda \tag{1}$$

である(n は媒質の屈折率).そこで,これを求めるために点 A と点 B の座標を求める.いま,球面波を近軸近似のもとで放物面で表すと,A 波の波面は

$$z = -r^2/2a \tag{2}$$

と書ける.このとき,$Q_A P$ と A 波の交点である点 $A(r,z)$ の座標は

$$A : \left(r\left(1 - \frac{r^2}{2a^2}\right), \ -\left(\frac{r^2}{2a}\right)\left(1 - \frac{r^2}{a^2}\right) \right) \tag{3}$$

と求まる.同様に,点 $B(r,z)$ の座標は

$$B : \left(r\left(1 - \frac{r^2}{2b^2}\right), \ -\left(\frac{r^2}{2b}\right)\left(1 - \frac{r^2}{b^2}\right) \right) \tag{4}$$

となる.ただし,a, b が r と比べて十分大きいとして,r/a,r/b の 4 次以上の項を無視した.これらを用いると,両波の位相差 $\Delta\phi(r)$ は

$$\Delta\phi(r) = (\pi n r^2/\lambda)\left[(1 - r^2/2a^2)/a - (1 - r^2/2b^2)/b\right] \tag{5}$$

となる.さらに,$r/a \ll 1$,$r/b \ll 1$ であれば

$$\Delta\phi(r) = \pi n \left(\frac{r^2}{\lambda}\right)\left(\frac{1}{a} - \frac{1}{b}\right) \tag{6}$$

を得る.干渉縞の次数を m とすると,$\Delta\phi(r) = 2\pi m$ を満たす位置は,

$$r_m = \sqrt{\frac{2m\lambda f}{n}} \tag{7}$$

であり,この位置で干渉縞は明るくなる.ここで,

$$\frac{1}{f} = \frac{1}{a} - \frac{1}{b} \tag{8}$$

である.式 (7) の結果は,干渉縞の次数 m が大きくなるにつれて,縞間隔が密になる同心円状の干渉縞を意味している.これを**干渉輪帯**(zone plate)という.

4.2 空間的干渉と時間的干渉

波長が同じ光の干渉では,上で述べた干渉縞が観測面で観察される.しかし,干渉現象は波長(したがって,周波数)の異なる光の間にも生じる.前者を**空間的干渉**といい,後者を**時間的干渉**という.むしろ,時間的干渉は空間的干渉の波長が異なる場合への拡張であって,これを論じることによって両者を同時に説明できる.

簡単のために，z 方向に伝搬する 2 つの平面波の波長が異なるものとして

$$E_1 = A_1 \exp\{i(K_1 z - \omega_1 t - \phi_1)\} \tag{4.4}$$

$$E_2 = A_2 \exp\{i(K_2 z - \omega_2 t - \phi_2)\} \tag{4.5}$$

と表し，これらの干渉を考えよう．ここで，波長を $\lambda_s (s=1, 2)$ とすると，屈折率が 1 の大気中では，波数 K_s および角周波数 ω_s は，

$$K_s = \frac{2\pi}{\lambda_s} \tag{4.6}$$

$$\omega_s = \frac{2\pi c}{\lambda_s} \tag{4.7}$$

で与えられる．A_s と ϕ_s は，おのおのの平面波の振幅と位相である．いま，任意の z の位置で z 軸に垂直な面を観察面とすると，一般的には，振幅と位相はその面内の座標 (x, y) に依存する．したがって，式 (4.4) と (4.5) の干渉強度 $I(x, y) = |E_1 + E_2|^2$ を計算すると，

$$I(x, y, z, t) = A_1^2 + A_2^2 + 2A_1 A_2 \cos(\Delta K z - \Delta \omega t - \Delta \phi) \tag{4.8}$$

が得られる．ただし，

$$\Delta K = K_2 - K_1, \quad \Delta \omega = \omega_2 - \omega_1, \quad \Delta \phi = \phi_2 - \phi_1 \tag{4.9}$$

である．

（1）　$\omega_1 = \omega_2$ の場合（波長が等しい場合）

この場合，$\Delta K = \Delta \omega = 0$ であるので，式 (4.8) は位相差 $\Delta \phi$ に応じて変化する．$\Delta \phi$ が式 (4.1) のように空間座標の関数として与えられると，干渉強度は時間 t に無関係であって，空間に固定された干渉縞として観測される．これが，空間的な干渉で，一方の光波を参照光とすると，他方の光波の位相分布が明暗の縞の形で得られる．これが通常の微少な形状変化や屈折率変化を測定するために用いられる干渉計測である．

（2）　$\omega_1 \neq \omega_2$ の場合（波長が異なる場合）

式 (4.8) の干渉強度は時間 t の関数として正弦的に変化する．この変動の周波数は $\Delta \nu = \Delta \omega / (2\pi) = \nu_2 - \nu_1$ である（ここで，ν_1, ν_2 はおのおのの光波の周波数）．周波数が詳しく知られている光波を基準に用いると，他方の（未知の）光の周波数が差の周波数から精密に測定できる．これが時間的な干渉で，特に，**光ヘテロダイン干渉**と呼んでいる．

(3) 干渉強度のビジビリティ

式(4.8)を書き換えると，
$$I(x, y, z, t) = I_0 (1 + V \cos \Phi) \tag{4.10}$$
ただし，全強度を $I_0 = A_1^2 + A_2^2$ とおき，干渉強度の位相部分をまとめて $\Phi = \Delta K z - \Delta \omega t - \Delta \phi$ とおいた．また，
$$V = \frac{2 A_1 A_2}{A_1^2 + A_2^2} \tag{4.11}$$
である．この V は干渉強度の鮮明度を示すもので**ビジビリティ**（visibility）あるいは**コントラスト**（contrast）とよばれ，$0 \leq V \leq 1$ の値をとることは容易にわかる．図4.4に V の異なる値での位相 Φ の関数としての干渉強度の変化を示す．

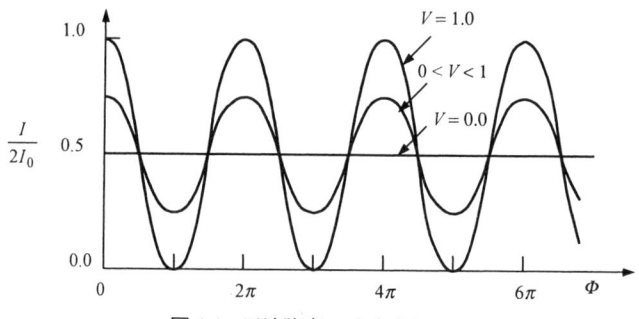

図4.4 干渉強度のビジビリティ

ビジビリティは測定できる量である．すなわち，式(4.10)の干渉強度の最大値 $I_{\max}$ と最小値 $I_{\min}$ は，それぞれ $I_{\max} = I_0(1 + V)$ と $I_{\min} = I_0(1 - V)$ であるので，
$$V = \frac{I_{\max} - I_{\min}}{I_{\max} + I_{\min}} \tag{4.12}$$
が得られる．つまり，$I_{\max}$ と $I_{\min}$ の測定により V が求まる．

【例題 4.2】 $\lambda_1 = 850.0$ nm, $\lambda_2 = 851.0$ nm の2つの赤外線の干渉を固定点で観測しているものとする．この干渉は通常の人間の知覚によっては観測されない．その理由を述べよ．

【解】 式(4.8)において z を固定すると $\Delta K z$ は固定しているから時間の関数のみになる．このときの差周波数 $\Delta \nu$ は

$$\varDelta\nu = \nu_1 - \nu_2 = \frac{c}{\lambda_1} - \frac{c}{\lambda_2} = 3 \times 10^8 \times \left(\frac{1}{850 \times 10^{-9}} - \frac{1}{851 \times 10^{-9}}\right)$$
$$\approx 3 \times 10^8 \times 1 \times 10^3 \approx 3 \times 10^{11} \,[\mathrm{Hz}] = 300\,[\mathrm{GHz}]$$

となり，これは波長に換算すると約 $1\,\mathrm{mm}$ となる．この約 $300\,\mathrm{GHz}$ のうなり周波数成分が何らかの機構により電磁波を発生したとしてもこのような周波数（波長）の電磁波はマイクロ波であって人間の眼には見えない（図 1.1 参照）．また何らかの機構で音波に変換されたとしても周波数が高すぎて人間の耳には聴こえない．熱に変換されて温かいと感じるなら人間が知覚できる可能性がある．しかし，暖かいと感じるには非常に大きなパワー（オーダとして $1\,\mathrm{W}$ クラス）が必要である．そのように大きなパワーの電磁波は通常用いられていない．

4.3 光の干渉とコヒーレンス

いままでは，完全に単色で，波連が無限に続くような理想的な光波の干渉を考えてきた．しかし，第 1 章で述べたように，光は数多くの原子から放出されるので，現実の光波の振る舞いはもっと複雑である．すなわち，原子内電子のエネルギー遷移はランダムに起き，その結果，放出される光も位相や偏光成分を含めてランダムな状態にある．このような状態は確率過程と呼ばれ，統計的な取り扱いで解釈される．ここでは，光の干渉をこのような視点から一般的に述べる．

（1） 相互コヒーレンス関数

図 4.5 は 2 つの点光源からの干渉を調べるための配置で，簡単のために 1 次元座標で示してある．同図のように，2 つの点光源 Q_1，Q_2 は光源面上で $\varDelta\xi$ 離れている．点光源 Q_1，Q_2 を出て観測面上の点 P に向かう光波の複素振幅をそれぞれ $V_1(t)$，$V_2(t)$ と表すと，時刻 t における点 P の光波の複素振幅は

$$V(x,t) = K_1 V_1(t - t_1) + K_2 V_2(t - t_2) \tag{4.13}$$

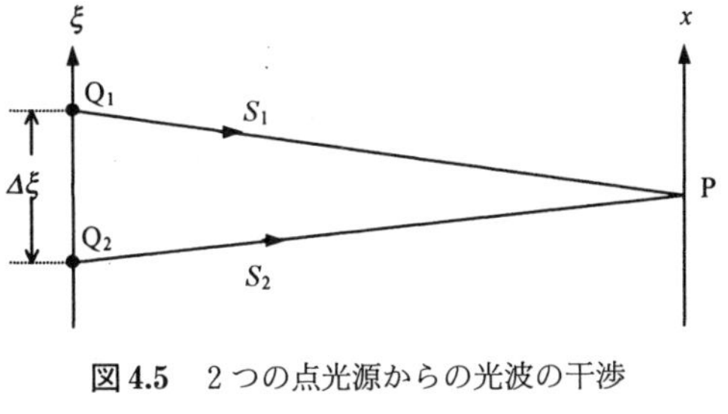

図 4.5 2 つの点光源からの光波の干渉

と表される．ここでは，K_1，K_2 は伝搬距離 S_1，S_2 に逆比例する定数であり，t_1，t_2 はそれぞれの光波が Q_1，Q_2 を出た時刻である．

式(4.13)で与えられるランダムな光の場の平均強度は

$$I(x) = \langle V(t)V(t)^* \rangle$$
$$= K_1 K_1^* \langle V_1(t-t_1)V_1^*(t-t_1) \rangle + K_2 K_2^* \langle V_2(t-t_2)V_2^*(t-t_2) \rangle$$
$$+ K_1 K_2^* \langle V_1(t-t_1)V_2^*(t-t_2) \rangle + K_1^* K_2 \langle V_1^*(t-t_1)V_2(t-t_2) \rangle$$
$$(4.14)$$

となる．ただし，$*$ は複素共役，$\langle \cdots \rangle$ は統計平均を意味する．確率過程にある光の場が時間的に定常であるとすると^{*1}，式(4.14)は

$$I(x) = |K_1|^2 I_1 + |K_2|^2 I_2 + 2\mathrm{Re}\{K_1 K_2^* \Gamma_{12}(t_2-t_1)\} \quad (4.15)$$

と表される．ここで，$I_1(I_2)$ は点光源 Q_1（点光源 Q_2）が単独で存在するときの P 点での平均強度であり，Re は実数部をとることを意味する．また，

$$\Gamma_{12}(\tau) = \langle V_1(t+\tau)V_2^*(t) \rangle \quad (4.16)$$

であり，これを光波 $V_1(t)$ と $V_2(t)$ の**相互相関関数**で**相互コヒーレンス関数** (mutual coherence function) という．τ は 2 つの光波の時間差である．これを用いると，

$$\Gamma_{11}(0) = \langle |V_1(t)|^2 \rangle = I_1, \quad \Gamma_{22}(0) = \langle |V_2(t)|^2 \rangle = I_2 \quad (4.17)$$

であり，これらはおのおのの光源の平均強度である．

(2) 複素コヒーレンス度

相互コヒーレンス関数を規格化した

$$\gamma_{12}(\tau) = \frac{\Gamma_{12}(\tau)}{\sqrt{\Gamma_{11}(0)\Gamma_{22}(0)}} = \frac{\Gamma_{12}(\tau)}{\sqrt{I_1 I_2}} \quad (4.18)$$

を**複素コヒーレンス度** (complex degree of coherence) という^{*2}．これを用いて式(4.15)を書き換えると，

$$I(x) = I^{(1)}(x) + I^{(2)}(x) + 2\sqrt{I^{(1)}(x)I^{(2)}(x)}\,\mathrm{Re}\{\gamma_{12}(\tau)\} \quad (4.19)$$

となる．ただし，

---

*1 確率過程にある場の異なる時間（時刻）での統計的関係が時間差のみで決まるとき，時間的に定常であるという．

*2 複素コヒーレンス度の絶対値が，$|\gamma_{12}(\tau)| \leq 1$ であることは容易に証明される（演習問題4.4参照）．

$$I^{(1)}(x) = |K_1|^2 I_1, \quad I^{(2)}(x) = |K_2|^2 I_2 \tag{4.20}$$

であって，これらは，観測面上の点 P に達するおのおのの光源からの光波の平均強度である．式 (4.19) が定常的な光の場の干渉を記述する一般的な表式である．逆に式 (4.19) から

$$\mathrm{Re}\{\gamma_{12}(\tau)\} = \frac{I(x) - I^{(1)}(x) - I^{(2)}(x)}{2\sqrt{I^{(1)}(x)I^{(2)}(x)}} \tag{4.21}$$

であるので，観測面で右辺の量を測定すると，複素コヒーレンス度の実部が求まる．

（3） 準単色光の干渉

単色光とは，波長が定まった光をいうが，完全に波長が一定すなわち周波数が一定というのは理想的なもので，単色のレーザ光であってもスペクトル分布に広がりがある（図 4.6 参照）．

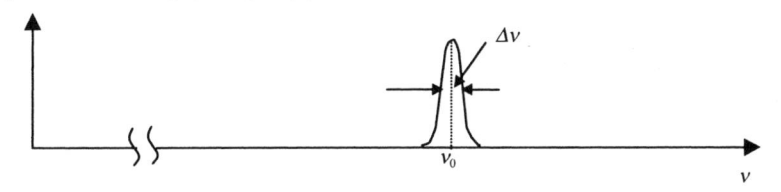

図 4.6 準単色光のスペクトル分布

スペクトル分布の広がりを $\Delta\nu$，中心周波数を ν_0 とするとき，$\Delta\nu \ll \nu_0$ である光を**準単色光**（quasi-monochromatic light）といい，次式で記述される．

$$V(t) = A(t) \exp[i\{\Phi(t) - 2\pi\nu_0 t\}] \tag{4.22}$$

ここで，$A(t)$，$\Phi(t)$ は実数の振幅と位相で，スペクトルの広がりは $\Phi(t)$ に含まれている．観測点に達する2つの光波が，それぞれ準単色光のときには，その間の相互コヒーレンス関数は

$$\begin{aligned}\Gamma_{12}(\tau) = &\langle A_1(t+\tau)A_2^*(t) \exp[i\{\Phi_1(t+\tau) - \Phi_2(t)\}]\rangle \\ &\times \exp(-i2\pi\nu_0\tau)\end{aligned} \tag{4.23}$$

となる．いま2つの点光源はもともと同一の光源からの光とし，位相関係が一定であるとすると[*1]，複素コヒーレンス度の式 (4.18) は

$$\gamma_{12}(\tau) = |\gamma_{12}(\tau)| \exp[i\{\alpha_{12}(\tau) - 2\pi\nu_0\tau\}] \tag{4.24}$$

と書ける．ここで，$\alpha_{12}(\tau) = \Phi_1(t+\tau) - \Phi_2(t)$ であり，

[*1] この条件のもとでは，$\exp[i\{\Phi_1(t+\tau) - \Phi_2(t)\}]$ は平均操作 $\langle \cdots \rangle$ には無関係．

$$|\gamma_{12}(\tau)| = \frac{|\langle A_1(t+\tau)A_2^*(t)\rangle|}{\sqrt{\langle|A_1(t)|^2\rangle}\sqrt{\langle|A_2(t)|^2\rangle}} = \frac{|\langle A_1(t+\tau)A_2^*(t)\rangle|}{\sqrt{I_1}\sqrt{I_2}}$$
(4.25)

である．これらを式(4.19)に用いると，準単色光に関する干渉の一般式として

$$I(x) = I^{(1)}(x) + I^{(2)}(x) + 2\sqrt{I^{(1)}(x)I^{(2)}(x)}\,|\gamma_{12}(\tau)|\cos\{\alpha_{12}(\tau) - 2\pi\nu_0\tau\}$$
(4.26)

を得る．この干渉強度は，cos 項の変動に応じて変化する．この最大値と最小値は

$$I_{\max} = I^{(1)}(x) + I^{(2)}(x) + 2\sqrt{I^{(1)}(x)I^{(2)}(x)}\,|\gamma_{12}(\tau)| \quad (4.27a)$$

$$I_{\min} = I^{(1)}(x) + I^{(2)}(x) - 2\sqrt{I^{(1)}(x)I^{(2)}(x)}\,|\gamma_{12}(\tau)| \quad (4.27b)$$

である．これから，観測面での干渉強度のビジビリティが

$$V = \frac{I_{\max} - I_{\min}}{I_{\max} + I_{\min}} = \frac{2\sqrt{I^{(1)}(x)I^{(2)}(x)}}{I^{(1)}(x) + I^{(2)}(x)}\,|\gamma_{12}(\tau)| \quad (4.28)$$

と得られる．したがって，観測点でそれぞれの平均強度とビジビリティを測定すると，複素コヒーレンス度の絶対値が求められる．また，特に $I^{(1)}(x) = I^{(2)}(x)$ であるときには，$V(x) = |\gamma_{12}(\tau)|$ である．

平面波の干渉強度の式(4.10)およびそのビジビリティの式(4.11)は，ここで導いた式(4.26)および(4.28)において，$|\gamma_{12}(\tau)| = 1$ に相当する．この場合を**コヒーレントな干渉**という．また，逆に $|\gamma_{12}(\tau)| = 0$ の場合を**インコヒーレントな干渉**といい，このときには干渉信号は観測できない．しかし，この2つの場合はいずれも理想的なもので，通常の光波では $0 < |\gamma_{12}(\tau)| < 1$ であって，この状態の干渉を**部分的にコヒーレントな干渉**という．

【例題4.3】 中心周波数が等しい，2つの準単色光の複素振幅 $A_1(t)$ および $A_2(t)$ を用いて

$$E_1(t) = A_1(t)\exp[i\{\Phi_1(t) - 2\pi\nu_0 t\}]$$
$$E_2(t) = A_2(t)\exp[i\{\Phi_2(t) - 2\pi\nu_0 t\}]$$

とするとき，ある点 x において

$$I^{(1)} = \langle|A_1(t)|^2\rangle = 1\,[\text{Wm}^{-2}], \quad I^{(2)} = \langle|A_2(t)|^2\rangle = 2\,[\text{Wm}^{-2}]$$

であって，ある τ に関して

$$\langle A_1(t+\tau)A_2{}^*(t)\rangle = 0.3 + i\,0.4\,[\mathrm{Wm^{-2}}]$$

なら，複素コヒーレンス度の絶対値 $|\gamma_{12}(\tau)|$，干渉強度の最大値 $I_{\max}$，最小値 $I_{\min}$，ビジビリティ V はいくらになるか．

【解】 複素コヒーレンス度の絶対値は式(4.25)より

$$|\gamma_{12}(\tau)| = \frac{|\langle A_1(t+\tau)A_2{}^*(t)\rangle|}{\sqrt{I_1}\sqrt{I_2}} = \frac{|0.3+i0.4|}{\sqrt{2}} \approx 0.35$$

干渉強度の最大値 $I_{\max}$，最小値 $I_{\min}$ およびビジビリティ V は式(4.27)より

$$I_{\max} = 1 + 2 + 2\sqrt{1\times 2}\,|0.3+i0.4| = 3+\sqrt{2}$$
$$I_{\min} = 1 + 2 - 2\sqrt{1\times 2}\,|0.3+i0.4| = 3-\sqrt{2}$$
$$V = \frac{(3+\sqrt{2})-(3-\sqrt{2})}{(3+\sqrt{2})+(3-\sqrt{2})} = \frac{\sqrt{2}}{3} \approx 0.47$$

4.4 空間的および時間的コヒーレンス

（1）空間的コヒーレンス

準単色光が有限のスペクトル幅 $\Delta\nu$ をもつということは，波の状態が $(\Delta\nu)^{-1}$ 程度の有限な継続時間をもち，いわゆる波束の状態であることを意味する（図4.7参照）．式(4.16)で定義された相互コヒーレンス関数は，2つの光波の時間差 τ の関数であるが，この時間差が

$$|\tau| \ll \frac{1}{\Delta\nu} \qquad (4.29)$$

を満足するときには，観測点で波束の時間遅れは実質的になく，$\tau\approx 0$ としてよい．このときの相互コヒーレンス関数を

$$J_{12} \equiv J(\xi_1,\xi_2) = \Gamma_{12}(0) = \langle V_1(\xi_1,t)V_2{}^*(\xi_2,t)\rangle \qquad (4.30)$$

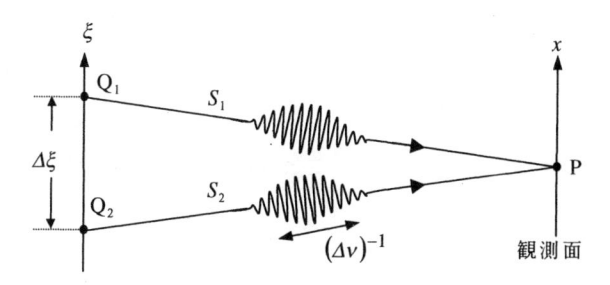

図4.7 有限長の波束の干渉

と書き，これを**相互強度** (mutual intensity) という*¹．ここで ξ_1, ξ_2 は2つの点光源の位置座標で，これらを明示して表した．相互強度が座標点 ξ_1, ξ_2 それ自身ではなく，それらの差すなわち $\Delta\xi = \xi_1 - \xi_2$ の関数として記述できるとき，光の場は空間的に定常であるという．

この場合の複素コヒーレンス度を μ_{12} とすると，

$$\mu_{12} = \mu_{12}(\Delta\xi) = \gamma_{12}(\tau=0) = \frac{J_{12}}{\sqrt{J_{11}}\sqrt{J_{22}}}$$

$$= \frac{\langle V_1(\xi+\Delta\xi, t) V_2^*(\xi, t)\rangle}{\sqrt{I_1}\sqrt{I_2}} \qquad (4.31)$$

であり，これを特に**空間的コヒーレンス度**という．このときの干渉強度は式 (4.26) より

$$I(x) = I^{(1)}(x) + I^{(2)}(x) + 2\sqrt{I^{(1)}(x)I^{(2)}(x)}\,|\mu_{12}(\Delta\xi)|\cos\{\alpha_{12}(0)\}$$
$$\qquad (4.32)$$

と表される．ここで，光源のコヒーレンス度は $\langle V_1 V_2^*\rangle$ を通して μ_{12} に入っているので，$\alpha_{12}(0) = \Phi_1(t) - \Phi_2(t)$ は2つの光源を出た光波の伝搬路 S_1, S_2 による位相差である．この位相差に依存して，観測面に干渉強度（干渉縞）が形成されるが，このビジビリティは

$$V = \frac{I_{\max} - I_{\min}}{I_{\max} + I_{\min}} = \frac{2\sqrt{I^{(1)}(x)I^{(2)}(x)}}{I^{(1)}(x) + I^{(2)}(x)}\,|\mu_{12}(\Delta\xi)| \qquad (4.33)$$

であり，2つの光波の平均強度が等しく $I^{(1)}(x) = I^{(2)}(x)$ のときには，次式となる．

$$V = |\mu_{12}(\Delta\xi)| \qquad (4.34)$$

相互強度は光源面における2つの光波の相関関数である．つまり，この相関が強いほど鮮明な干渉縞が現れる．逆に，干渉縞のビジビリティから空間的コヒーレンス度を求めることにより，光源面での光波の相関の度合いを知ることができる．通常は，2点間の距離 $\Delta\xi$ が大きくなるにつれて相関は低下する．相関が実質的に消失する距離を**空間的コヒーレンス長**という*²．また，その距

---

*1 $\xi_1 \to \xi_2$ にして，ひとつの光源の状態にすると，定義から相互強度 J_{11} はその点の平均強度 I_1 となる．

*2 空間的コヒーレンス度が 1/2 になる距離や，$1/e$ となる距離が空間的コヒーレンス長を決める基準に使われる．

離内の領域をコヒーレンス領域 (coherence area) という．

【例題 4.4】 式 (4.33) でコヒーレントな干渉の場合（$|\mu_{12}(\Delta\xi)| = 1$ の場合），ビジビリティ V は 2 つの光源からの光の強度比 $r = I^{(1)}(x)/I^{(2)}(x)$ の関数としてどのように変わるか．図示せよ．

【解】

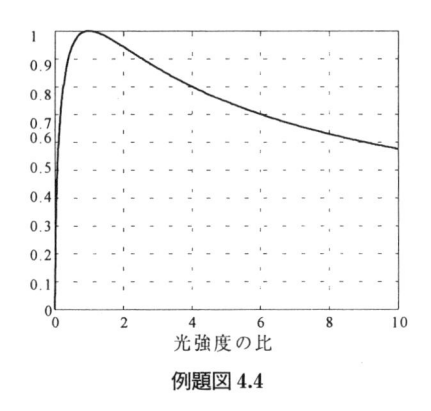

例題図 4.4

（2） 時間的コヒーレンス

次に，2 つの光波に時間差がある場合を考える．図 4.8 はこの時間差を制御できる光学配置のひとつである[*1]．すなわち，一方の光波をコーナーキューブからなる遅延光路を用いて迂回させると，その行路長に比例して光波は遅れる．

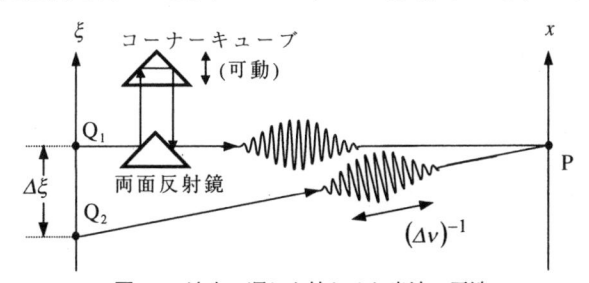

図 4.8 波束に遅れを持たせた光波の干渉

このときには，観測面に形成される干渉縞のビジビリティは時間差 τ に依存して変化する．式 (4.28) に用いると，このビジビリティの測定から複素コ

[*1] たとえば，図 4.3 のトワイマン・グリーン干渉計において，参照鏡の位置を上下に移動することでも時間差を与えることができる．

ヒーレンス度の絶対値 $|\gamma_{12}(\tau)|$ が τ の関数として得られる．直感的にいえば，$|\gamma_{12}(\tau)|$ は2つの光波の重なり具合で変化する．完全に重なったときに最大の値をとり，重なり合いが小さくなると減少する．実質的にコヒーレンス度が消失する時間差 τ_c を時間的コヒーレンス長，あるいはコヒーレンス時間 (coherence time) といい，

$$\tau_c \propto \frac{1}{\varDelta\nu} \tag{4.35}$$

の関係がある．したがって，時間的コヒーレンス長の測定から，光波のスペクトル分布の広がり幅 $\varDelta\nu$ を求めることができる．

演習問題

4.1 図4.2および図4.3の干渉計では結像レンズが用いられている．これがどのような役割をもっているかを述べよ．

4.2 2つの複素指数関数 $A_1 e^{i\phi_1}$ と $A_2 e^{i\phi_2}$ の和の絶対値の2乗を求めよ．この結果を用いて干渉の式(4.8)が成り立つことを証明せよ．

4.3 式(4.11)のビジビリティ V が $0 \leq V \leq 1$ であることを示せ．

4.4 式(4.18)の複素コヒーレンス度の絶対値 $|\gamma_{12}(\tau)|$ が，$0 \leq |\gamma_{12}(\tau)| \leq 1$ であることを証明せよ．

第5章

レーザの基礎

レーザは図5.1に示すように，レーザ媒質，2枚の反射鏡を向かい合わせた光共振器および媒質内の粒子を励起状態におくため外部からエネルギーを供給するポンピング・デバイスで構成される．

はじめにレーザ媒質における光波の進行波増幅作用を学ぶ（5.1節）．次に単独におかれた光共振器の特性を考える（5.2節）．おわりにレーザ媒質を含む光共振器の発振特性を調べる（5.3節）．

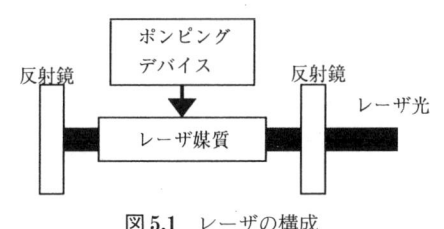

図5.1 レーザの構成

5.1 レーザ増幅

（1） 物質と光の相互作用

光と物質の相互作用を，物質内の電子と光の電界との相互作用として考察する．すなわち電子振動子モデルで取り扱う．1次元の場合，図5.2のように質量 m，電荷 $-q$ の電子がその平衡位置 $x=0$ の近傍で光の電界により x 軸方向に振動しているものとする．運動方程式は

$$\frac{d^2x(t)}{dt^2} + \sigma\frac{dx(t)}{dt} + \frac{k}{m}x(t) = -\frac{q}{m}e(t) \qquad (5.1)$$

となる．ここで $x(t)$ は電子の平衡位置からの変位，σ は光強度の減衰率，$kx(t)$ は復元力，$e(t)$ は光の電界である．いま，$e(t)$ と $x(t)$ を次のようにおく．

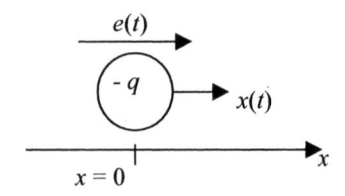

図5.2 電子振動子モデル．電界の振動にともなって電子も振動する．

$$e(t) = \mathrm{Re}\{E\exp(i\omega t)\} \tag{5.2}$$

$$x(t) = \mathrm{Re}\{X(\omega)\exp(i\omega t)\} \tag{5.3}$$

ここで E は x 方向の複素電界，ω は角周波数，および $X(\omega)$ は電子の複素変位の振幅であり，Re は実数部を示す．共振角周波数 ω_0 は

$$\omega_0 = \sqrt{k/m} \tag{5.4}$$

で定義される．次に $\omega \approx \omega_0$ 付近の応答を考えると変位の振幅 $X(\omega)$ は

$$X(\omega \cong \omega_0) = \frac{-(q/m)E}{2\omega_0(\omega_0 - \omega) + i\omega_0\sigma} \tag{5.5}$$

である（問題5.1参照）．

電子1個の双極子モーメント $\mu(t)$ は $\mu(t) = -qx(t)$ であるから，単位体積（N 個の振動子が存在）あたりの双極子モーメント（分極の大きさ）は

$$p(t) = \mathrm{Re}\{P(\omega)\exp(i\omega t)\} \tag{5.6}$$

となり複素分極 $P(\omega)$ は次のようになる．

$$P(\omega) = -NqX(\omega \cong \omega_0) = \frac{-i(Nq^2/m\omega_0\sigma)E}{1 + i\{2(\omega - \omega_0)/\sigma\}} \tag{5.7}$$

また電気感受率 $\chi(\omega)$ を用いると，真空の誘電率 ε_0 を用いて

$$P(\omega) = \varepsilon_0 \chi(\omega) E \tag{5.8}$$

と書ける．次に，$\chi(\omega)$ を実数部と虚数部に分けて

$$\chi(\omega) = \chi'(\omega) - i\chi''(\omega) \tag{5.9}$$

と表すと，式(5.6)，(5.8)および(5.9)より

$$p(t) = \varepsilon_0 E \chi'(\omega) \cos\omega t + \varepsilon_0 E \chi''(\omega) \sin\omega t \tag{5.10}$$

が得られる．上式右辺の第1項は電界と同相の分極であり，第2項は90°位相が異なる分極である．式(5.7)，(5.8)および(5.9)から $\chi'(\omega)$ と $\chi''(\omega)$ は次式のようになる．

$$\chi'(\omega) = \left(\frac{Nq^2}{m\omega_0\sigma\varepsilon_0}\right)\frac{2(\omega_0 - \omega)/\sigma}{1 + \{4(\omega - \omega_0)^2/\sigma^2\}} \qquad (5.11)$$

$$\chi''(\omega) = \left(\frac{Nq^2}{m\omega_0\sigma\varepsilon_0}\right)\frac{1}{1 + \{4(\omega - \omega_0)^2/\sigma^2\}} \qquad (5.12)$$

また，$\omega = 2\pi f$ を用い，$\sigma = 2\pi \Delta f$ とおくと次式が得られる．

$$\chi'(f) = \left(\frac{Nq^2}{8\pi^2 mf_0\varepsilon_0}\right)\frac{f_0 - f}{(\Delta f/2)^2 + (f - f_0)^2} \qquad (5.13)$$

$$\chi''(f) = \left(\frac{Nq^2}{16\pi^2 mf_0\varepsilon_0}\right)\frac{\Delta f}{(\Delta f/2)^2 + (f - f_0)^2} \qquad (5.14)$$

この結果，実数部 $\chi'(\omega)$ と虚数部 $\chi''(\omega)$ の間には，次の関係がある．

$$\chi'(f) = \frac{2(f_0 - f)}{\Delta f}\chi''(f) \qquad (5.15)$$

$\chi''(f)$ の周波数特性は**ローレンツ形**と呼ばれ，Δf は**半値全幅**である（後述のスペクトル線の項参照）．$\chi''(f)$ の最大値 $\chi''_{\max}$ で規格化された $\chi''(f)$ と $\chi'(f)$ の $(f - f_0)/\Delta f$ に対する変化を図5.3に示した．

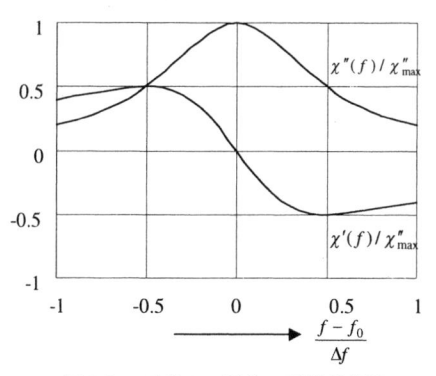

図5.3 $\chi'(f)$ と $\chi''(f)$ の周波数特性

このように電子が振動する媒質内を光波が z 方向に伝搬すると波の電力が吸収される．光波が x 成分の電界のみをもつ場合，単位体積あたり吸収される平均電力 $\langle P_a \rangle / V$ は

$$\frac{\langle P_a \rangle}{V} = \left\langle e_x(t)\frac{dp_x(t)}{dt}\right\rangle = \frac{1}{2}\text{Re}\left[E\{i\omega P(\omega)\}^*\right] \qquad (5.16)$$

である．ここで V は体積，E は複素電界，$P(\omega)$ は x 方向の複素分極である．

媒質の図: $I(0)$ → [$\chi''(\omega)$] → $I(0)\exp[\Gamma(\omega)l]$, 区間 0 から l

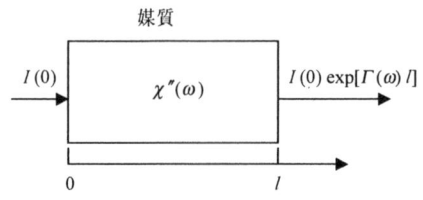

図5.4 光の吸収（境界面における反射を省略）

また，＊は複素共役を表し，⟨ ⟩は時間平均を示す．この式は双極子（つまり，振動する電子）に蓄えられるエネルギーの増加分である．式(5.8)と(5.9)を式(5.16)に代入すると

$$\frac{\langle P_a \rangle}{V} = \frac{\omega \varepsilon_0 \chi''(\omega)}{2}|E|^2 \tag{5.17}$$

となる．このように光波がz方向に進むにつれて吸収されると，光波の強度$I(z)$は減衰する．したがって，これを

$$I(z) = I(0)\exp\{\Gamma(\omega)z\} \tag{5.18}$$

と表す（図5.4参照）．この式は，

$$\Gamma(\omega) = \frac{1}{I(z)}\frac{dI(z)}{dz} \tag{5.19}$$

と等価であり，$I(0)$は$z=0$における強度 [Wm^{-2}] である．エネルギー保存から

$$\frac{dI(z)}{dz} = -\left\langle \frac{P_a}{V} \right\rangle = \frac{-\omega\varepsilon_0 \chi''(\omega)}{2}|E|^2 \tag{5.20}$$

が成立する．この式を式(5.19)に代入すると

$$\Gamma(\omega) = -\frac{K\chi''(\omega)}{n^2} \tag{5.21}$$

となる．ここで$I(z) = c\varepsilon|E|^2/2$（式(2.41)），$c_0/n = c = \omega/K$，$n^2 = \varepsilon/\varepsilon_0$とおいた．$K$は伝搬定数，$\omega$は角周波数，$c$は媒質内の光速度，$\varepsilon$は誘電率である．$I(z)$は$z$方向に進むにしたがって，$\exp\{\Gamma(\omega)z\} = \exp\{-K\chi''(\omega)z/n^2\}$のように減衰する．

次に複素誘電率$\varepsilon_t(\omega)$をもつ媒質中を伝搬する平面光波の電界

$$e(z,t) = \mathrm{Re}\,[E\exp\{i(\omega t - K_t z)\}] \tag{5.22}$$

について考えよう．K_tは伝搬定数であり，$\varepsilon_t(\omega)$と誘電率εは

$$\varepsilon_t(\omega) = \varepsilon \left\{ 1 + \frac{\varepsilon_0}{\varepsilon} \chi(\omega) \right\} \qquad (5.23)$$

の関係にある．すなわち $\varepsilon_t(\omega)$ は共振に無関係な ε（右辺第1項）と共振に関係する $\varepsilon_0 \chi(\omega)$（右辺第2項）とを含む．いま $(\varepsilon_0/\varepsilon)|\chi(\omega)| \ll 1$ を仮定すると，K_t は

$$K_t = \omega \sqrt{\mu \varepsilon_t(\omega)} \cong K \left\{ 1 + \frac{\varepsilon_0}{2\varepsilon} \chi(\omega) \right\} \qquad (5.24)$$

となる．ここで $K = \omega \sqrt{\mu \varepsilon}$ であり，μ は媒質の透磁率である．さらに $n^2 = \varepsilon/\varepsilon_0$ と式(5.9)を用いると

$$K_t \cong K \left\{ 1 + \frac{\chi'(\omega)}{2n^2} \right\} - i \left\{ \frac{K\chi''(\omega)}{2n^2} \right\} \qquad (5.25)$$

である．式(5.25)を(5.22)に代入し，式(5.21)を用いると，

$$e(z, t) = \mathrm{Re}\left[E \exp\left[i\{\omega t - (K + \Delta K)z\}\right] \exp\left[\{\Gamma(\omega)/2\}z\right]\right] \qquad (5.26)$$

$$\Delta K = \frac{K \chi'(\omega)}{2n^2} \qquad (5.27)$$

となる．式(5.26)は，分極のため位相が ΔKz だけ変化し，また式(5.21)で与えられる $\Gamma(\omega)$ によって，振幅は進むにつれて $\exp[\{\Gamma(\omega)/2\}z]$ のように変化することを示している．

（2） 原子のエネルギー準位

粒子がもつ波動性のため，そのエネルギーの値が離散的になることを考察しよう．狭い領域に束縛された粒子モデルとして，1次元のポテンシャル内（長さ l）に閉じ込められた粒子の様子を調べる．壁（$x = 0$ と l にある）で粒子が完全反射すると仮定すれば，x 方向の往復運動は波動力学で弦（長さ l）の振動と同じになる．

時間を含まない1次元の**シュレディンガーの波動方程式**（Schrödinger wave equation）は

$$\frac{d^2 \psi(x)}{dx^2} + \frac{2m}{\hbar^2} W \psi(x) = 0 \qquad (5.28)$$

で与えられる．ここで $\psi(x)$ は波動関数，m は粒子の質量，W は粒子の全エネルギー，$\hbar = h/(2\pi)$，h は**プランク**（Planck）の定数である．また狭い領

域内では粒子に力が働かないからポテンシャル・エネルギー $U(x)$ を 0 とした．境界条件は $\phi(0) = \phi(l) = 0$ でなければならず，粒子が領域内のどこかに見出される確率は 1 である．したがって式 (5.28) の解は

$$\phi(x) = \sqrt{\frac{2}{l}} \sin\left(\frac{n\pi}{l} x\right), \quad n = 1, 2, 3, \cdots \qquad (5.29)$$

となり，この**固有関数**に関する**固有値** W_n は

$$W_n = \frac{(\pi\hbar)^2}{2ml^2} n^2 \qquad (5.30)$$

であり離散的な値となる．図 5.5 はこの様子を示し，**エネルギー準位図**という．固有値の高さの位置に横線を引いて準位を表す．$n = 1$ のレベルは運動エネルギーが最低の状態であり**基底状態**と呼ばれ，$n \geq 2$ を**励起状態**という．

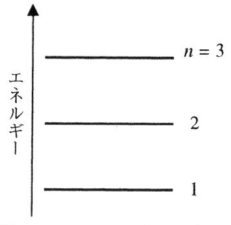

図 5.5 エネルギー準位図

物質の光透過特性を測定すると，特定の波長で強い吸収を示す．これは粒子（原子，イオン，分子など）が一群の固有エネルギー準位をもち，その中の 2 つの準位間の遷移として説明される．たとえば 2 つのエネルギー準位を W_1 と W_2 とおくと（$W_2 > W_1$ とする），共振周波数 f_{21} は**ボーア**（N. Bohr）**の周波数条件**

$$f_{21} = \frac{W_2 - W_1}{h} \quad [\text{Hz}] \qquad (5.31)$$

で与えられる．つまり粒子が W_2 と W_1 との間を遷移することによりエネルギー hf_{21} のフォトン（光子）を 1 個放出あるいは吸収すると考える．また粒子は固有のエネルギー準位を多数もつから，これらの組み合わせにより粒子は多数の共振周波数をもつことになる．また式 (5.31) に対応する真空中の波長 λ_{21} は

$$\lambda_{21} = \frac{c_0}{f_{21}} \quad [\text{m}] \qquad (5.32)$$

で与えられる．ここで c_0 は真空中の光速度 [ms^{-1}] である．

準位 W_2 と W_1 にある単位体積あたりの粒子数をそれぞれ N_2, N_1 とおく．熱平衡状態では N_2/N_1 が**ボルツマン**（Boltzmann）**分布**

$$\frac{N_2}{N_1} = \exp\left\{\frac{-(W_2 - W_1)}{k_b T}\right\} = \exp\left(\frac{-hf_{21}}{k_b T}\right) \tag{5.33}$$

に従う．そのようすを図 5.6 に示す．上式で k_b はボルツマン定数，T は絶対温度である．$W_2 > W_1$ の場合 $N_2 < N_1$ となる．熱エネルギーに相当する $k_b T$ は室温（300 K）で 25.85 meV である．$\lambda = 1\,\mu\mathrm{m}(f = 300\,\mathrm{THz})$ の光波では，f_{21} を f として $hf = 1.24$ eV となり，式 (5.33) より $N_2 \ll N_1$ である．

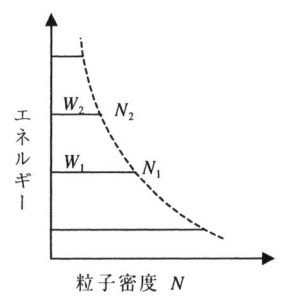

図 5.6 ボルツマン分布

フォトンのエネルギー $hf = W_g$ [eV] と波長 $\lambda\,[\mu\mathrm{m}]$ の関係は

$$\lambda = \frac{1.24}{hf\,[\mathrm{eV}]} = \frac{1.24}{W_g\,[\mathrm{eV}]} \quad [\mu\mathrm{m}] \tag{5.34}$$

で与えられ，その関係を図 5.7 に示した．

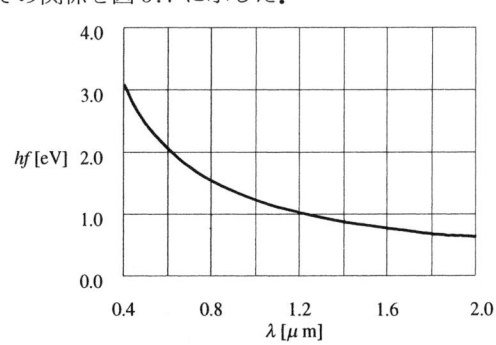

図 5.7 フォトンのエネルギーと波長の関係

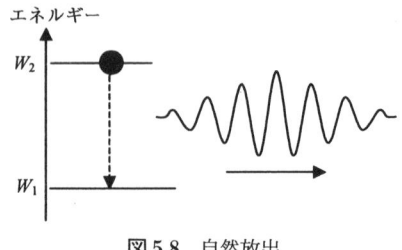

図5.8 自然放出

(3) 自然放出とスペクトル線

原子が高いエネルギー準位 W_2 から低い準位 W_1 へ遷移しフォトンを放出する過程を**自然放出**（spontaneous emission）という（図5.8参照）．準位 W_2 に N_2 個の粒子があれば，準位 W_1 へ自然放出する単位時間あたりの数は

$$-\frac{dN_2}{dt} = \frac{N_2}{t_{sp}} \tag{5.35}$$

である．ここで t_{sp} は自然放出におけるフォトンの数にしたがった光強度 $[\mathrm{Wm^{-2}}]$ の**減衰時定数**であり**自然放出の寿命**と呼ばれる．$t=0$ における準位 W_2 の粒子を $N_2(0)$ 個とすれば

$$N_2(t) = N_2(0)\exp(-t/t_{sp}) \tag{5.36}$$

となり，励起状態の粒子数が指数関数的に減衰する．t_{sp} はまた**励起状態の寿命**でもあり，**自然放出の遷移率** A_{21} と $t_{sp} = A_{21}^{-1}$ の関係にある．

自然放出光（寿命 t_{sp}）のスペクトルはフーリエ変換を用いて計算すると

$$g(f) = \frac{\Delta f}{2\pi\{(f-f_0)^2 + (\Delta f/2)^2\}} \tag{5.37}$$

の形をした**ローレンツ形スペクトル線**（Lorentzian spectrum）となる．ここで

$$\Delta f = \frac{1}{2\pi t_{sp}} \tag{5.38}$$

とおいた．またスペクトル形状を与える $g(f)$ は

$$\int_{-\infty}^{\infty} g(f)df = 1 \tag{5.39}$$

のように規格化されている．ここで f_0 は式(5.31)の f_{21} に相当する共振周波数，Δf はスペクトル分布の**半値全幅**（Full Width at Half-Maximum, FWHM）であり自然幅ともいう．

気体の粒子は**マクスウェル** (Maxwell) **速度分布則**に従いランダムな熱運動をしている．静止粒子が f_0 に共振している場合，その粒子が移動すると**ドップラー** (Doppler) **効果**によりある周波数だけずれて共振する．したがって粒子系全体の平均的な規格化スペクトル線は

$$g(f) = \sqrt{\frac{\ln 2}{\pi}} \frac{2}{\Delta f_d} \exp\left\{\frac{-4(\ln 2)(f - f_0)^2}{(\Delta f_d)^2}\right\} \quad (5.40)$$

で与えられる．この式は**ガウス形スペクトル線** (Gaussian spectrum) と呼ばれ，この半値全幅 Δf_d は

$$\Delta f_d = 2f_0 \sqrt{\frac{2k_b T}{Mc^2} \ln 2} \quad (5.41)$$

で与えられ**ドップラー幅**ともいう．ここで M は原子の質量，c は媒質中の光速度である．

ナトリウム D 線（波長 589.3 nm）の寿命は 16 ns であるから，式(5.38)より自然幅は $\Delta f \approx 10$ MHz となる．しかし実際に観測されるのはドップラー幅 $\Delta f_d \approx 2$ GHz 程度である．またネオン（632.8 nm）は $\Delta f_d \approx 1.5$ GHz，炭酸ガスレーザ（10.6 μm）は $\Delta f_d \approx 60$ MHz 程である．図 5.9 にこれら 2 つのスペクトル線を示す．

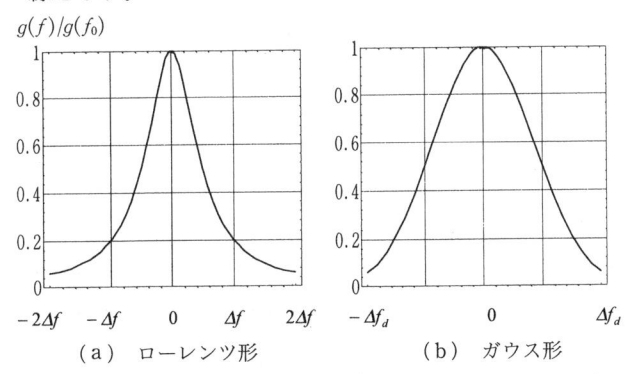

（a）ローレンツ形　　（b）ガウス形

図 5.9 スペクトル線

ローレンツ形スペクトル線の場合には**均一な広がり** (homogeneous broadening) をもつという．これは系を構成する粒子が同じ広がりをもち，個々の粒子を識別できない意味である．ガウス形スペクトル線の場合には**不均一な広がり** (inhomogeneous broadening) を示すという．ドップラー効果に

よる広がりは、それぞれの粒子のスペクトルが運動方向により異なるから、個々の粒子を識別でき不均一である。また結晶中に不純物として含まれる原子のエネルギー準位は、結晶物質の影響により共振周波数が変動し、広がりも不均一である。

(4) 誘導放出

エネルギー準位 W_1 にある粒子に対して、共振周波数 $f_0 = (W_2 - W_1)/h$ の光波が入射すると、粒子は高い準位 W_2 に遷移し、光波からエネルギー hf_0 を吸収する。この過程は**吸収**（absorption）と呼ばれる（前述の電子振動子モデルを参照）。また同じ周波数 f_0 の光波が入射したとき粒子が準位 W_2 にあれば、吸収とは逆に準位 W_1 に向かう遷移が起こりエネルギー hf_0 のフォトンを放出する。この過程を**誘導放出**（induced emission, stimulated emission）という。このような誘導遷移を図 5.10 に示す。

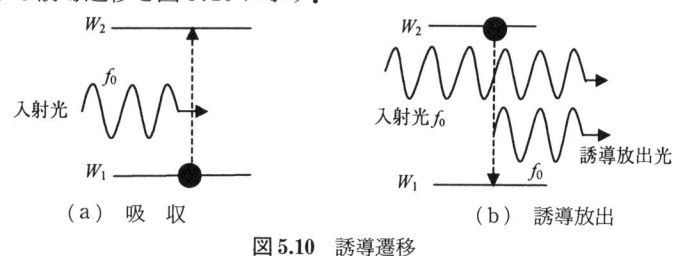

図 5.10 誘導遷移
(a) 吸収　(b) 誘導放出

準位 W_2 から W_1 へ遷移する率と、W_1 から W_2 へ遷移する率は等しく、その値は入射光波の強度に比例する。周波数 f における誘導遷移率 $R_i(f)$ は

$$R_i(f) = \frac{c^2 I_f(z)}{8\pi h f^3 t_{sp}} g(f) \qquad (5.42)$$

で与えられる。ここで c は媒質中の光速度、$I_f(z)$ は z 方向に進む周波数 f の光波の強度、$g(f)$ はスペクトル線の関数である。また $I_f(z)$ は $I_f(z) = c\rho_f$ で表される。ここで ρ_f は光波のエネルギー密度 [Jm^{-3}] である。

(5) 進行波増幅

2つの準位 W_1 と W_2 に、それぞれ単位体積あたり N_1 個と N_2 個の粒子をもつ系に（図 5.11 参照）、強度 $I_f(z)$ の光波（周波数 f）が入射する場合を考える。式 (5.42) を用いると、W_2 より W_1 への誘導放出は単位時間あたり $N_2 R_i(f)$ 回起こり、W_1 から W_2 への吸収は $N_1 R_i(f)$ 回起きる。それで発生す

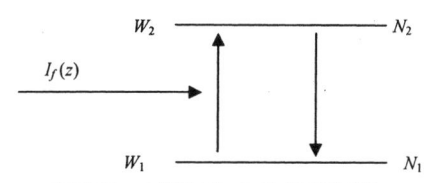

図5.11 2準位系における誘導遷移

る電力は単位体積あたり

$$\frac{P}{V} = (N_2 - N_1) R_i(f) hf \tag{5.43}$$

となる．ここで P は系で発生する電力，V は媒質の体積である．したがって系が無損失の場合，強度 $I_f(z)$ の増加率 $dI_f(z)/dz$ は上式に等しい．式 (5.43) と (5.42) から

$$\begin{aligned}\frac{dI_f(z)}{dz} &= (N_2 - N_1) R_i(f) hf \\ &= (N_2 - N_1) \frac{c^2 g(f)}{8\pi f^2 t_{sp}} I_f(z) = \Gamma(f) I_f(z)\end{aligned} \tag{5.44}$$

となる．ここで式 (5.19) の関係を用いた．これから $\Gamma(f)$ は

$$\Gamma(f) = (N_2 - N_1) \frac{c^2 g(f)}{8\pi f^2 t_{sp}} \tag{5.45}$$

であることがわかる．$z = 0$ における強度を $I_f(0)$ とおくと式 (5.44) の解は

$$I_f(z) = I_f(0) \exp\{\Gamma(f) z\} \tag{5.46}$$

となる（式(5.18)）．すなわち何かの方法で $N_2 > N_1$ にできれば，式(5.45) で $\Gamma(f) > 0$ となるから入射光は z 方向に進むにつれて指数関数的に増加し，$\Gamma(f)$ は**利得係数**（gain constant）となる．これは**進行波増幅**（Traveling Wave Amplification, TWA）と呼ばれる．電界の2乗は光強度に比例するから図5.12に電界の様子を模式的に示す．

$N_2 > N_1$ は熱平衡状態と異なり**反転分布**（population inversion）という（図5.13参照）．この分布は外部から光や電子を加えて実現される．このことを**ポンピング電力**（pumping power）を加えて反転分布をつくるという．$N_2 < N_1$ では $I_f(z)$ が減衰し，熱平衡状態における系の吸収に対応する．この様子を図5.14に示した．

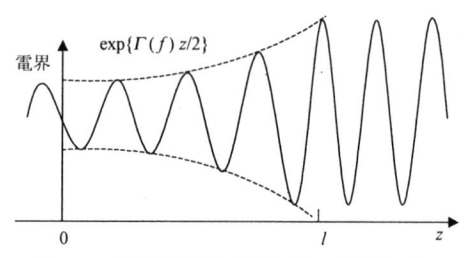

図 5.12 進行波増幅の説明（l は媒質長さ）

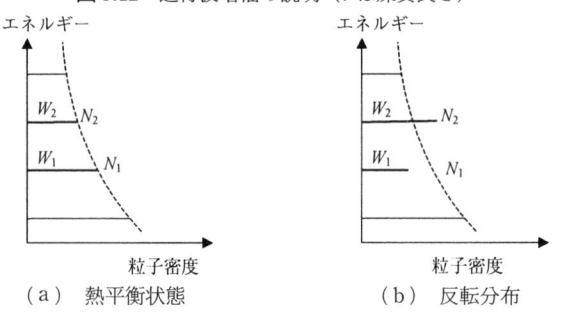

(a) 熱平衡状態　　(b) 反転分布

図 5.13 粒子数の分布

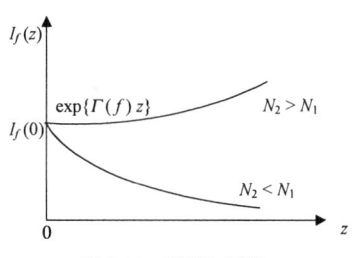

図 5.14 増幅と吸収

また，利得係数を媒質の感受率の虚数部 $\chi''(f)$ で表すこともできる．式 (5.21) から $\Gamma(f)$ は

$$\Gamma(f) = \frac{-K\chi''(f)}{n^2} \qquad (5.47)$$

で与えられる．

（6）レート方程式と利得の飽和

反転分布はポンピング電力によりつくられるが，入射光波がないとき，その大きさを $(\Delta N)_0$ とする．光波が入射すると準位 W_2 と W_1 の間で誘導遷移が起

こる．$N_2 > N_1$ のため誘導放出する粒子数が吸収する粒子数より多く，新しい平衡状態となる．このとき反転分布の大きさは $(\Delta N)_0$ より小さい．それで利得が減少し飽和が起きる．

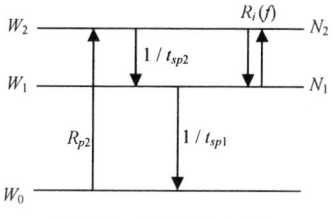

図 5.15 3 準位のモデル

図 5.15 のエネルギー準位において，ポンピング電力により準位 W_0 から W_2 へ励起される単位時間あたりの粒子密度，すなわちポンピング率を R_{p2} $[\mathrm{m^{-3}s^{-1}}]$ とおく．次に W_2 から W_1 および W_1 から W_0 への自然放出による寿命をそれぞれ t_{sp2}, t_{sp1} とおく．一般に $t_{sp2} \gg t_{sp1}$ である．ここで W_1 へのポンピングと W_2 から W_0 への緩和による減衰はともに少ないとして省いた．またすべての粒子は等価であり均一な媒質と仮定する．

準位 W_2 と W_1 の分布密度を決める式は

$$\frac{dN_2}{dt} = R_{p2} - \frac{N_2}{t_{sp2}} - (N_2 - N_1)R_i(f) \tag{5.48}$$

$$\frac{dN_1}{dt} = -\frac{N_1}{t_{sp1}} + \frac{N_2}{t_{sp2}} + (N_2 - N_1)R_i(f) \tag{5.49}$$

となる．これらは**レート方程式** (rate equation) と呼ばれる．

定常状態の分布密度は時間に依存しないから，式 (5.48) と (5.49) で $d/dt = 0$ とおいて整理すると

$$N_2 - N_1 = \frac{(t_{sp2} - t_{sp1})R_{p2}}{1 + t_{sp2}R_i(f)} \tag{5.50}$$

である．入射光波がなければ $R_i(f) = 0$ であり，さらに $t_{sp2} \gg t_{sp1}$ を用いると，そのときの反転分布密度の大きさ，つまり $(\Delta N)_0$ $[\mathrm{m^{-3}}]$ は

$$(\Delta N)_0 = R_{p2} t_{sp2} \tag{5.51}$$

となる．式 (5.51) を (5.50) に代入し式 (5.42) を用いて整理すると

$$N_2 - N_1 = \frac{(\Delta N)_0}{1 + \{I_f(z)/I_s(f)\}} \tag{5.52}$$

が得られる．ここで $I_s(f)$ は

$$I_s(f) = \frac{8\pi h f^3}{c^2 g(f)} \tag{5.53}$$

であり，**飽和強度**と呼ばれる．式(5.52)から光波の強度 $I_f(z)$ が $I_s(f)$ に等しくなると反転分布の量 $N_2 - N_1$ が $(\Delta N)_0$ の半分となることがわかる．

次に式(5.45)の利得係数で t_{sp} を t_{sp2} と置き換え，同式の $N_2 - N_1$ に式(5.52)を代入すると

$$\Gamma(f) = \frac{\Gamma_0(f)}{1 + \{I_f(z)/I_s(f)\}} \tag{5.54}$$

が得られる．ここで $\Gamma_0(f)$ は

$$\Gamma_0(f) = \frac{(\Delta N)_0 c^2 g(f)}{8\pi f^2 t_{sp2}} \tag{5.55}$$

で与えられ飽和しないときの利得係数である．これは**小信号利得**とも呼ばれ，本質的に式(5.45)と同じである．式(5.54)のようすを図5.16に示した．同図によると光波の強度 $I_f(z)$ が飽和強度 $I_s(f)$ より十分に小さい場合，小信号利得は強度によらずほぼ一定であることを示す．さらに飽和強度 $I_s(f)$ は利得係数 $\Gamma(f)$ が小信号利得の半分になる強度であるといえる．

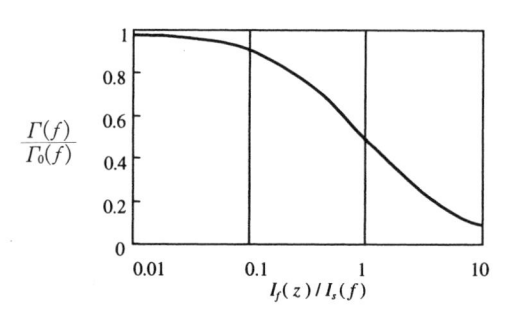

図5.16 利得係数の変化

【例題5.1】 $N_2 - N_1 = 6 \times 10^{18}\,\mathrm{cm}^{-3}$, $t_{sp} = 3 \times 10^{-3}\,\mathrm{s}$, $f_0 = 432.6\,\mathrm{THz}$, $c = 2 \times 10^{10}\,\mathrm{cm/s}$ の場合，スペクトル線の中心周波数 f_0 における進行波増幅の利得係数 $\Gamma(f_0)$ を求めよ．ここで $g(f_0) = 5 \times 10^{-3}\,\mathrm{Hz}^{-1}$ とする．

【解】 $1\,\mathrm{THz} = 10^{12}\,\mathrm{Hz}$ に留意し，式(5.45)に数値を代入すると

$$\Gamma(f_0) = (6 \times 10^{18}) \frac{2^2 \times 10^{20} \times 5 \times 10^{-13}}{8\pi \times 4.326^2 \times 10^{28} \times 3 \times 10^{-3}} = 0.08 \quad \text{cm}^{-1}$$

5.2 光共振器

　低周波の電子回路における共振器は一般にインダクタンス L とキャパシタンス C で構成される．周波数が高くなると分布定数形となるが放射損失は増加する．したがってマイクロ波（micro wave；波長が 10 cm から 1 mm 程度の電磁波）では導体で囲まれた**空胴共振器**（cavity resonator）が用いられる．光波帯になると**ファブリ・ペロー**（Fabry-Pérot）**共振器**が使用される．

（1）マイクロ波空胴共振器

　はじめに方形導波管における波動方程式の解を求め，電磁波の振動姿態を調べる．次に方形空胴共振器の特性を述べる．管内の波動は z 方向に伝搬し，図 5.17 のように，xy 断面の寸法は $a > b$ とする．波動方程式

$$\nabla^2 \boldsymbol{E} = \mu\varepsilon \frac{\partial^2 \boldsymbol{E}}{\partial t^2} \tag{5.56}$$

において，時間変化が $\exp(i\omega t)$ のとき $\partial^2/\partial t^2 = -\omega^2$ であるから，上式はヘルムホルツ方程式

$$\nabla^2 \boldsymbol{E} + K^2 \boldsymbol{E} = 0 \tag{5.57}$$

となる．ここで，伝搬定数 K は

$$K^2 = \omega^2 \mu\varepsilon = (\omega/v_p)^2 \tag{5.58}$$

であり，ω, μ, ε, v_p はそれぞれ角周波数，透磁率，誘電率，位相速度である．スカラ成分についても同じ方程式であるから，スカラ波動関数を $\varphi(x, y, z)$ とおくと

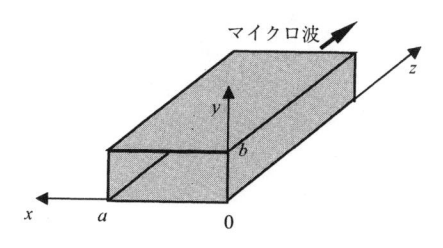

図 5.17　方形導波管

$$\nabla^2 \varphi + K^2 \varphi = 0 \tag{5.59}$$

が得られ，直角座標では

$$\frac{\partial^2 \varphi}{\partial x^2} + \frac{\partial^2 \varphi}{\partial y^2} + \frac{\partial^2 \varphi}{\partial z^2} + K^2 \varphi = 0 \tag{5.60}$$

である．ここで (x, y, z) を省いて示した．変数分離法で解くため

$$\varphi(x, y, z) = X(x) Y(y) Z(z) \tag{5.61}$$

とおく．$X(x)$，$Y(y)$，$Z(z)$ は，それぞれ x，y，z のみの関数である．式 (5.61) を式 (5.60) に代入し両辺を XYZ で割ると次式が得られる．

$$\frac{1}{X}\frac{d^2 X}{dx^2} + \frac{1}{Y}\frac{d^2 Y}{dy^2} + \frac{1}{Z}\frac{d^2 Z}{dz^2} + K^2 = 0 \tag{5.62}$$

上式の左辺は x のみの関数，y のみの関数，z のみの関数および定数 K^2 の和である．これが常に 0 となるためには各項が定数でなければならない．これらの定数を第 1 項より順番に $K_x{}^2$，$K_y{}^2$，$K_z{}^2$ とおくと，式 (5.62) から

$$\frac{d^2 X}{dx^2} = K_x{}^2 X \tag{5.63}$$

$$\frac{d^2 Y}{dy^2} = K_y{}^2 Y \tag{5.64}$$

$$\frac{d^2 Z}{dz^2} = K_z{}^2 Z \tag{5.65}$$

$$K_x{}^2 + K_y{}^2 + K_z{}^2 + K^2 = 0 \tag{5.66}$$

である．式 (5.65) から

$$Z = C_1 \exp(-K_z z) + C_2 \exp(K_z z) \tag{5.67}$$

が得られる．ここで C_1 と C_2 は任意の定数である．いま

$$K_x{}^2 + K_y{}^2 = -K_c{}^2 \tag{5.68}$$

とおくと式 (5.66) から

$$K_z{}^2 = K_c{}^2 - K^2 = -(K^2 - K_c{}^2) \tag{5.69}$$

$$\therefore \quad K_z = \pm i\sqrt{K^2 - K_c{}^2} \tag{5.70}$$

である．さらに

$$\beta_g = \sqrt{K^2 - K_c{}^2} \tag{5.71}$$

とおくと，式 (5.70) は

$$K_z = \pm i\beta_g \tag{5.72}$$

となる．それで式(5.67)は
$$Z = C_1 \exp(-i\beta_g z) + C_2 \exp(i\beta_g z) \tag{5.73}$$
と書き換えられる．時間因子を含めると
$$Z = C_1 \exp\{i(\omega t - \beta_g z)\} + C_2 \exp\{i(\omega t + \beta_g z)\} \tag{5.74}$$
となる．ここで β_g は管内の伝搬定数である．上式右辺の第1項の位相速度 v_p は，$\omega t - \beta_g z = $ 一定の位相面を考えると
$$v_p = \frac{dz}{dt} = \frac{\omega}{\beta_g} \tag{5.75}$$
である．式(5.71)から，$K^2 > K_c^2$ なら β_g は正の実数であり，$v_p > 0$ となる．それで式(5.74)の右辺第1項は z の正方向に伝搬する波動を示す．同様に右辺第2項は，z の負方向に伝搬する波動である．

次に関数 X を考える．導波管の内部の解として，進行方向に直角な x 方向に定在波を示すものが適している．計算すると
$$X = A_1 \cos(iK_x x) + A_2 \sin(iK_x x) \tag{5.76}$$
となる．同様にして管内の y 方向に定在波となる解は
$$Y = B_1 \cos(iK_y y) + B_2 \sin(iK_y y) \tag{5.77}$$
である．ここで，A_1, A_2, B_1, B_2 は任意の定数を示す．それで式(5.76)，(5.77)，(5.73)を式(5.61)に代入すると，スカラ波動関数 φ は
$$\begin{aligned}\varphi = &\{A_1 \cos(iK_x x) + A_2 \sin(iK_x x)\}\{B_1 \cos(iK_y y) + B_2 \sin(iK_y y)\} \\ &\times \{C_1 \exp(-i\beta_g z) + C_2 \exp(i\beta_g z)\}\end{aligned} \tag{5.78}$$
となる．この式は x および y 方向に定在波を示し，z 方向に伝搬する波動を表す．

次に図5.17のように，断面が長方形の長辺を x 軸にとり，その長さを a とおく．また短辺を y 軸にとり，その長さを b とおき，$a > b$ とする．管の内部は完全な誘電体（導電率がゼロ）であり，管壁は理想的な導体（導電率が無限大）と仮定する．以下では z 軸方向に伝搬する波動の電磁界の時間的変化を $\exp(i\omega t)$ であるとして，$E_z = 0$ の **TE波**（Transverse Electric wave）の電界成分 E_x と E_y を求める．

はじめにマクスウェル方程式(2.1)～(2.6)を用いる．$\partial/\partial z$ は $\pm i\beta_g$ で表さ

れるが，進行波のみを考えて $-i\beta_g$ のみを用いると，次のようになる．

$$i\beta_g E_y = -i\omega\mu H_x \tag{5.79}$$

$$i\beta_g E_x = i\omega\mu H_y \tag{5.80}$$

$$\frac{\partial E_y}{\partial x} - \frac{\partial E_x}{\partial y} = -i\omega\mu H_z \tag{5.81}$$

$$\frac{\partial H_z}{\partial y} + i\beta_g H_y = i\omega\varepsilon E_x \tag{5.82}$$

$$-i\beta_g H_x - \frac{\partial H_z}{\partial x} = i\omega\varepsilon E_y \tag{5.83}$$

$$\frac{\partial H_y}{\partial x} - \frac{\partial H_x}{\partial y} = 0 \tag{5.84}$$

これらの式から E_x, E_y, H_x, H_y を求めると，次のような式となる．

$$E_x = \frac{-i\omega\mu}{\omega^2\mu\varepsilon - \beta_g{}^2} \frac{\partial H_z}{\partial y} \tag{5.85}$$

$$E_y = \frac{i\omega\mu}{\omega^2\mu\varepsilon - \beta_g{}^2} \frac{\partial H_z}{\partial x} \tag{5.86}$$

$$H_x = \frac{-i\beta_g}{\omega^2\mu\varepsilon - \beta_g{}^2} \frac{\partial H_z}{\partial x} \tag{5.87}$$

$$H_y = \frac{-i\beta_g}{\omega^2\mu\varepsilon - \beta_g{}^2} \frac{\partial H_z}{\partial y} \tag{5.88}$$

ここで式(5.85)は式(5.80)と(5.82)から，式(5.86)は式(5.79)と(5.83)より求められる．また式(5.79)と(5.86)から式(5.87)が，式(5.80)と(5.85)より式(5.88)が得られる．式(5.85)～(5.88)を見ると，電界と磁界のすべての成分は H_z の微分で示されている．したがって H_z が決まると，E_x, E_y, H_x, H_y が決定される．

式(5.81)へ式(5.85)と式(5.86)を代入し，$K^2 = \omega^2\mu\varepsilon$, $K_z{}^2 = -\beta_g{}^2$ と式(5.66)を用いると

$$\frac{\partial^2 H_z}{\partial x^2} + \frac{\partial^2 H_z}{\partial y^2} - (K_x{}^2 + K_y{}^2)H_z = 0 \tag{5.89}$$

となる．この方程式は式(5.60)と同じ形であり，H_z の解も式(5.78)の φ と同じ形となる．それで H_z の進行波は次式で表される．

$$H_z = \{A_1 \cos(iK_x x) + A_2 \sin(iK_x x)\}\{B_1 \cos(iK_y y)$$

$$+ B_2 \sin(iK_y y)\} \exp(-i\beta_g z) \qquad (5.90)$$

次に境界条件を用いて解を決めよう．管壁は理想的な導体としたから，そこで電界の接線成分が0でなければならない．したがって境界条件は次のように与えられる．

$$x = 0, \quad x = a \quad で \quad E_y = E_z = 0 \qquad (5.91)$$
$$y = 0, \quad y = b \quad で \quad E_x = E_z = 0 \qquad (5.92)$$

いまTE波を考えているから，$E_z = 0$ はいつも満たされている．E_y は式(5.86)で与えられ $\partial H_z/\partial x$ を含む．H_z は式(5.90)で示されるから

$$\frac{\partial H_z}{\partial x} = \{-iK_x A_1 \sin(iK_x x) + iK_x A_2 \cos(iK_x x)\} \\ \times \{B_1 \cos(iK_y y) + B_2 \sin(iK_y y)\} \exp(-i\beta_g z) \qquad (5.93)$$

である．上式が $x = 0$ で常に0であるためには

$$A_2 = 0 \qquad (5.94)$$

であり，$x = a$ で常に0となるには $\sin(iK_x a) = 0$ でなければならない．したがって，m を0および正の整数として

$$iK_x = \frac{m\pi}{a}, \quad m = 0, 1, 2, \cdots \qquad (5.95)$$

となる．式(5.92)の条件を式(5.85)の E_x に用いると，同様にして

$$B_2 = 0 \qquad (5.96)$$

$$iK_y = \frac{p\pi}{b}, \quad p = 0, 1, 2, \cdots \qquad (5.97)$$

である．ここで p は0および正の整数である．式(5.94)，(5.95)，(5.96)と(5.97)を式(5.90)に代入すると

$$H_z = H_{mp} \cos\left(\frac{m\pi}{a}x\right) \cos\left(\frac{p\pi}{b}y\right) \exp(-i\beta_g z) \qquad (5.98)$$

が得られる．ここで H_{mp} は任意の定数である．

m と p の組み合わせにより H_z の値は無数に得られ，それらの1次結合もまた解となる．したがって H_z は

$$H_z = \sum_{m=0}^{\infty}\sum_{p=0}^{\infty} H_{mp} \cos\left(\frac{m\pi}{a}x\right) \cos\left(\frac{p\pi}{b}y\right) \exp(-i\beta_g z) \qquad (5.99)$$

となる．これを式(5.85)と式(5.86)に代入するとTE波の E_x と E_y は，

$$E_x = \sum_{m=0}^{\infty}\sum_{p=0}^{\infty} \frac{i\omega\mu p\pi}{K_c^2 b} H_{mp} \cos\left(\frac{m\pi}{a}x\right)\sin\left(\frac{p\pi}{b}y\right)\exp(-i\beta_g z) \tag{5.100}$$

$$E_y = \sum_{m=0}^{\infty}\sum_{p=0}^{\infty} \frac{-i\omega\mu m\pi}{K_c^2 a} H_{mp} \sin\left(\frac{m\pi}{a}x\right)\cos\left(\frac{p\pi}{b}y\right)\exp(-i\beta_g z) \tag{5.101}$$

と得られる．同様にして H_x と H_y も求められる．ここで K_c と β_g はそれぞれ式(5.68)と(5.71)に与えられている（問題5.2参照）．

一組の m, p の値に対応する電磁界の振動姿態を**モード**（mode）と呼ぶ．TE波はTE$_{mp}$モードという．m と p は0から始まるが，TE$_{00}$ は除く（問題5.3参照）．最も低い番号のモードはTE$_{01}$ とTE$_{10}$ であり，それから高い番号の高次モードとなる．これらのモード間には**直交性**（orthogonality）が成立する．すなわちモードの電磁界成分は三角関数で表されるから，それぞれのモードはほかのモードに関係なく，導波管内を伝搬する．またモードごとに管壁で境界条件を満たすから，管内の電磁界を各モードごとに分けて単独に扱ってよい．

z の正方向に進む波は $\exp(-i\beta_g z)$ で示され，β_g は前述のように

$$\beta_g = \sqrt{K^2 - K_c^2} \tag{5.71}$$

で与えられる．$K^2 = \omega^2\mu\varepsilon$ であり，式(5.95)，(5.97)を式(5.68)に用いることにより $K_c^2 = (m\pi/a)^2 + (p\pi/b)^2$ であるから，K と K_c はともに実数である．$K > K_c$ であれば β_g は実数であり，$K < K_c$ ならば K_z は式(5.69)より $K_z = \pm\sqrt{K_c^2 - K^2}$ となる．いま K_z を正の実数にとれば，式(5.67)の右辺第1項の $\exp(-K_z z)$ は，z の正方向に指数関数的に減衰し伝搬しない．この状態を**遮断**（cut-off）と呼ぶ．$K = K_c$ の場合の周波数を f_c とおくと，$\omega_c = 2\pi f_c$ であるから，式(5.58)と問題5.2から

$$\omega_c\sqrt{\mu\varepsilon} = K_c = \sqrt{(m\pi/a)^2 + (p\pi/b)^2}$$

となり

$$f_c = \frac{1}{2\pi\sqrt{\mu\varepsilon}}\sqrt{\left(\frac{m\pi}{a}\right)^2 + \left(\frac{p\pi}{b}\right)^2} \tag{5.102}$$

である．この f_c を**遮断周波数**と呼ぶ．そのときの波長を**遮断波長**といい，λ_c

で示すと

$$\lambda_c = \frac{2}{\sqrt{\left(\dfrac{m}{a}\right)^2 + \left(\dfrac{p}{b}\right)^2}} \qquad (5.103)$$

となる.

$K > K_c$ のとき波が管内を伝搬するから, f_c より高い周波数の波が伝搬し, f_c より低い周波数の波は遮断される. 通過する周波数は, 管の断面の寸法およびモード数で決められる.

管軸方向の波長を λ_g と置くと, $\beta_g = 2\pi/\lambda_g$ の関係がある. この λ_g は**管内波長** (guided wavelength) といい

$$\lambda_g = \frac{\lambda}{\sqrt{1 - (\lambda/\lambda_c)^2}} \qquad (5.104)$$

で与えられる. ここで λ は自由空間の波長である. 波が管内を伝搬するには $\lambda < \lambda_c$ が必要であったから, 式 (5.104) より $\lambda_g > \lambda$ である. つまり管内波長は常に自由空間波長より長い.

それぞれのモードに λ_c があるから, 伝送できる波長はモードにより異なる. λ_c が最も長いモードは**基本モード** (dominant mode, fundamental mode, principal mode) と呼ばれる. a と b の値が決められると, m と p の値が小さいほど λ_c が長い. m と p が最小の TE モードは TE_{10} か TE_{01} である. **TM 波** (Transverse Magnetic wave) では最低次モードは TM_{11} モードであるが, ここでは触れない. 図 5.17 のように $a > b$ であるから, TE_{10} の λ_c が最も長く基本モードとなる. このモードは電磁界分布が最も簡単であり, TE_{10} のみの単一モード伝送が可能である.

断面の寸法が a と b の方形導波管において, その長さ l の部分の両端を導

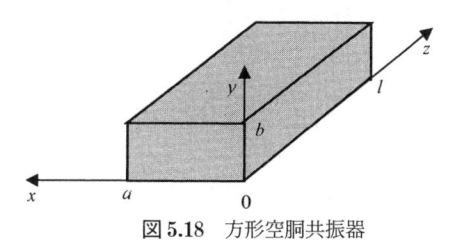

図 5.18 方形空胴共振器

体で短絡すると方形空胴共振器となる（図 5.18 参照）．共振状態にある場合，管軸方向の波長を λ_g とおくと

$$l = \frac{q\lambda_g}{2} \tag{5.105}$$

である．ここで q は正の整数である．また式 (5.104) から

$$\frac{1}{\lambda_g{}^2} = \frac{1}{\lambda^2} - \frac{1}{\lambda_c{}^2} \tag{5.106}$$

となる．式 (5.103) と (5.105) を式 (5.106) に代入し，λ を**共振波長** λ_0 に置き換えると

$$\lambda_0 = \frac{1}{\sqrt{\left(\dfrac{m}{2a}\right)^2 + \left(\dfrac{p}{2b}\right)^2 + \left(\dfrac{q}{2l}\right)^2}} \tag{5.107}$$

が得られる．

一組の m, p, q の値に対応する電磁界はモードと呼ばれる．それぞれの m, p, q は x 軸，y 軸，z 軸方向のモード番号で，これで指定される電磁界モードを TE$_{mpq}$ モードという．m と p は 0 から始まるが，同時に 0 とはならない．q は前述のように 1 から始まる．また**方形空胴共振器**において，$a > b < l$ の場合，**基本モード**は TE$_{101}$ である．

空胴共振器内の電磁界は，導波管の場合と同様な方法で求められる．TE 波の H_z を求めると次式となる．

$$H_z = \sum_{m=0}^{\infty}\sum_{p=0}^{\infty}\sum_{q=1}^{\infty} H_{mpq} \cos\left(\frac{m\pi}{a}x\right)\cos\left(\frac{p\pi}{b}y\right)\sin\left(\frac{q\pi}{l}z\right) \tag{5.108}$$

ここで H_{mpq} は任意の定数である．これを用いて TE 波の各成分を求めるのであるが，E_x と E_y を示すと

$$E_x = \sum_{m=0}^{\infty}\sum_{p=0}^{\infty}\sum_{q=1}^{\infty} \frac{i\omega\mu p\pi}{K_c{}^2 b} H_{mpq} \cos\left(\frac{m\pi}{a}x\right)\sin\left(\frac{p\pi}{b}y\right)\sin\left(\frac{q\pi}{l}z\right) \tag{5.109}$$

$$E_y = \sum_{m=0}^{\infty}\sum_{p=0}^{\infty}\sum_{q=1}^{\infty} \frac{-i\omega\mu m\pi}{K_c{}^2 a} H_{mpq} \sin\left(\frac{m\pi}{a}x\right)\cos\left(\frac{p\pi}{b}y\right)\sin\left(\frac{q\pi}{l}z\right) \tag{5.110}$$

となる．

（2） ファブリ・ペロー共振器

マイクロ波帯の空胴共振器の寸法は波長とほぼ同じ大きさにつくることができるので，単一モードの動作が容易に得られる．しかしこのような空胴共振器を光波帯（波長1μm付近）で使用すると，共振器寸法が波長よりかなり大きくなり，きわめて多くのモードが共振してしまう．

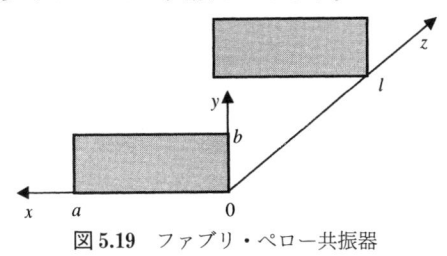

図5.19 ファブリ・ペロー共振器

モードの数を減らすため図5.19のように，z軸に垂直な2つの反射面（鏡）（$z=0, l$）のみを残し，その他の管壁（反射面）を除いてみる．その結果，z軸に平行に伝搬するモードのほかは往復する間に共振器の外に漏れてしまう．その共振波長は式(5.107)で$m=p=0$とおくと

$$\lambda_0 = \frac{2l}{q} \tag{5.111}$$

である．これは共振器内の波を平面波と近似した場合の共振波長である．ここでqは正の整数，lは反射面の間隔である．このようにz軸方向の境界条件で決められるモードを縦モードと呼ぶ．したがってq番目の共振周波数は

$$f_q = \frac{qc_0}{2l} \tag{5.112}$$

となる．ここでc_0は真空中の光速度である．両反射面の間に屈折率nの媒質が満たされていると，上式は

$$f_q = \frac{qc_0}{2nl} \tag{5.113}$$

である．共振周波数の間隔$\Delta f_q = f_{q+1} - f_q$は

$$\Delta f_q = \frac{c_0}{2nl} \tag{5.114}$$

で与えられる**縦モードの間隔**で，これはqによらないのでモードに関係しない．

実際の共振器ではz軸よりすこしはずれて進行する波も存在し，2つの反射面の間を何度も往復する．これらも共振モードを構成し，進行方向に対して横方向の電磁界成分をもつ．これらのモードは，式(5.107)においてmとpで決められるモードで横モードと呼ばれる．側面を開放した光共振器では，高い次数の横モードは励振されず，低次の横モードのみと考えてよい．それで反射面における低次横モードの電界分布は前述した空胴共振器の解から推測できる．

図5.20 球面鏡を用いたファブリ・ペロー共振器

2枚の鏡を平行に置いた光共振器を**ファブリ・ペロー共振器**と呼び，レーザ用共振器の基本形式である．図5.19は平面鏡を用いた場合であり，図5.20は球面反射鏡を用いる共振器である．

3.6節ではガウスビームの回折・伝搬を調べたが，ここでは球面反射鏡を用いたファブリ・ペロー共振器内部の電磁界分布が**ガウスビーム**となることを示す．ガウスビームの平面波の場合，電界ベクトルの1つの成分によって電磁界の様子がわかる．ガウスビームは平面波とは異なるが，波長がビーム断面の寸法に比べて十分に小さいと，1つのスカラ量によって電磁界の分布を理解できる．それでガウスビームはほとんど平面波に近く，そのエネルギーがz軸に集中していると仮定し，電界ベクトルの1つの成分$E(x,y,z)$のスカラ量のみを考える．このとき，伝搬定数をKとすると，ヘルムホルツ方程式は

$$\nabla^2 E + K^2 E = 0 \tag{5.115}$$

となる．ここで$K = 2\pi/\lambda$である．いま円筒座標系(r, ϕ, z)を用い，解は横方向に対して$r = \sqrt{x^2 + y^2}$のみの関数であり，$\partial/\partial\phi = 0$と仮定する．さらに光ビームは$z$軸方向に進むとし

$$E(x, y, z) = E(r, z) = \psi(r, z)\exp(-iKz) \tag{5.116}$$

とおく．ψはzについてゆっくり変化すると考え，ψのzに関する2次微分を省略する．この場合の円筒座標系では

$$\nabla^2 = \frac{\partial^2}{\partial r^2} + \frac{1}{r}\frac{\partial}{\partial r} + \frac{\partial^2}{\partial z^2}$$

であることに留意して式 (5.116) を式 (5.115) に代入すると

$$\frac{\partial^2 \psi}{\partial r^2} + \frac{1}{r}\frac{\partial \psi}{\partial r} - i2K\psi' = 0 \tag{5.117}$$

となる．ここで $\psi' = \partial \psi / \partial z$ である．次に $\psi(r, z)$ を

$$\psi = \exp\left[-i\left\{P(z) + \frac{K}{2q(z)}r^2\right\}\right] \tag{5.118}$$

とおいて解くと

$$\psi = \frac{w_0}{w(z)} \exp\left[i\phi(z) - r^2\left\{\frac{1}{w^2(z)} + \frac{iK}{2R(z)}\right\}\right] \tag{5.119}$$

となる．ここで $z_0 = \pi w_0{}^2/\lambda$ とおくと

$$w^2(z) = w_0{}^2 \{1 + (z/z_0)^2\} \tag{5.120}$$

$$R(z) = z\{1 + (z_0/z)^2\} \tag{5.121}$$

$$\phi(z) = \tan^{-1}(z/z_0) \tag{5.122}$$

である．それで式 (5.119) を (5.116) へ代入し整理すると

$$E(r, z) = \frac{w_0}{w(z)} \exp\left\{\frac{-r^2}{w^2(z)}\right\} \exp\left[-i\left\{Kz + \frac{\pi r^2}{\lambda R(z)} - \phi(z)\right\}\right] \tag{5.123}$$

となり，ガウスビームの基本モードが得られる（問題 5.6 参照）．

式 (5.123) はビーム横方向の振幅変化が r のみによるモードであり，$w(z)$ は電界の振幅が z 軸上の値に比べて $1/e$ に減少する距離を示す．それで $w(z)$ はビームの**スポットサイズ** (spot size) と呼ばれる．また式 (5.120) から w_0

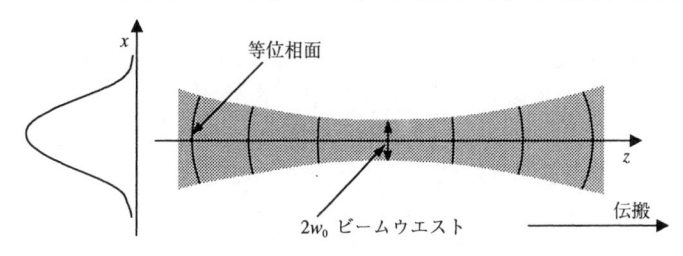

図 5.21 ガウスビーム

は $z=0$ におけるスポットサイズ $w(0)$ に等しく最小のサイズである．したがって $z=0$ の位置を**ビームウエスト**（beam waist）という（図 5.21 参照）．

位相の変化は，平面波に相当する部分，$\pi r^2/\lambda R(z)$ および位相角 $\phi(z)$ を含む．したがって等位相面は**曲率半径** $R(z)$ の球面となる．$R(z)$ の符号は曲率の中心が波面の左側にあるとき正とする．$z=0$ のビームウエストでは $R(0)$ が ∞ となり，等位相面は平面となる．z が増加すると $R(z)$ は減少し，$z=z_0$ で $R(z)$ は最小値を示し，さらに z が増すと $R(z)$ が増加する（問題 5.7 参照）．

高次モードも同様に計算できるが，ここではいくつかの特性のみを述べる．式 (5.123) は基本モードであるから，前述した空胴共振器のモード番号のように $m=0$, $p=0$ を添字として $E_{00}(x,y,z)$ と書く．またこのモードは **TEM モード**（Transverse ElectroMagnetic mode）とも呼ばれ TEM_{00} モードと表す．すなわち横方向の電磁界成分をもつモードは 2 つの整数 m と p で表される．図 5.22 にレーザ光の TEM_{00}, TEM_{10} および TEM_{11} モードのパターンの例を示す．ここで m の値はビームが x 方向（水平方向）に走査されるとき最小値の数を示し，p の値は y 方向（垂直方向）の最小値の数である．このように m と p とで指定される横方向の電磁界分布を**横モード**という．

TEM_{00}　　　TEM_{10}　　　TEM_{11}

図 5.22　ガウスビームにおける横モードパターンの例

次に m と p を考慮したガウスビームで共振器主軸上の位相 $\theta(z)$ は

$$\theta(z) = Kz - (m+p+1)\tan^{-1}\frac{z}{z_0} \tag{5.124}$$

で与えられる（参考文献 9 参照）．いま 2 枚の鏡がそれぞれ z_1 と z_2 ($z_2 > z_1$) におかれているファブリ・ペロー共振器において，式 (5.111) が $Kl = q\pi$ と同じであることに留意して，$\theta(z_2) - \theta(z_1) = q\pi$ と表せる．したがって共振条件は $z_2 - z_1 = l$ とおいて

$$Kl - (m + p + 1)\left\{\tan^{-1}\frac{z_2}{z_0} - \tan^{-1}\frac{z_1}{z_0}\right\} = q\pi \qquad (5.125)$$

である．この式は縦モード数 q が同じでも横モードを考慮すると共振周波数が異なることを示している．1組の m と p の横モードに対する縦モードの共振周波数の間隔は，平面波近似で求めた式(5.114)で与えられる．また $m + p$ が等しい横モード（例えば TEM$_{01}$ と TEM$_{10}$）は同じ共振周波数をもつ．このように共振周波数における縦モードと横モードの関係は一般に複雑であるが，傾向を図5.23に示す．

同図における 0, 1, 2, … は $m + p$ の値を示す．また共振器の構造が与えられると，両モードを考慮したときの共振周波数の分布が具体的に求められる．

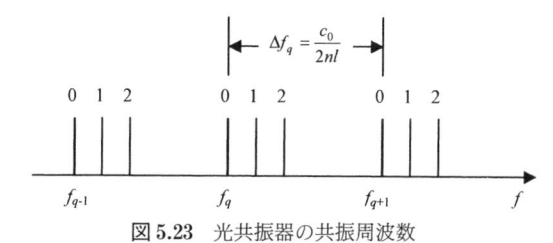

図5.23 光共振器の共振周波数

（3） 光共振器の Q

電子回路と同様に共振器のよさを表すのに $\boldsymbol{Q}$（quality factor）が用いられる．角周波数を ω，共振器のあるモードに蓄えられるエネルギーを U とおけば，Q は

$$Q = \frac{\omega U}{-dU/dt} \qquad (5.126)$$

で定義される．この式の分母は毎秒失われるエネルギーである．図5.24に示すように光共振器の反射鏡 M$_1$ と M$_2$ の強度反射率をともに R とし，その値は

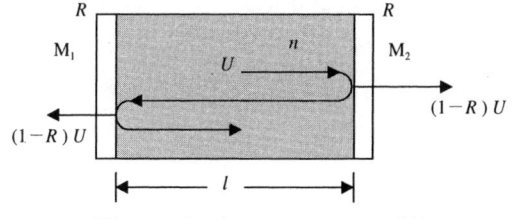

図5.24 光共振器における Q の計算

ほぼ1に近く，共振器内媒質の屈折率を n とおく．エネルギー U の光波が媒質の中央から出発して M_2 に達すると，反射で失うエネルギーは $(1-R)U$ である．残りのエネルギーが反射して M_1 に到着し，ふたたび $(1-R)U$ が損失となり，残りが媒質の中央に戻る．また U が共振器内を往復するのに要する時間は $2nl/c_0$ である．この時間で2回の反射により失われるエネルギーは $2(1-R)U$ となるから

$$-\frac{dU}{dt} = \frac{2(1-R)U}{2nl/c_0} = \frac{c_0(1-R)}{nl}U \tag{5.127}$$

が成立し，この解は

$$U = U_0 \exp(-t/t_p) \tag{5.128}$$

となる．ここで U_0 は $t=0$ における U の値であり，t_p は

$$t_p = \frac{nl}{c_0(1-R)} \tag{5.129}$$

とおいた．この t_p は考えているモードのエネルギーの減衰時間つまり寿命である．式(5.127)を式(5.126)に代入すると

$$Q = \frac{\omega nl}{c_0(1-R)} = \frac{2\pi nl}{\lambda(1-R)} = \omega t_p \tag{5.130}$$

が得られる．すなわち Q は l に比例し λ に反比例し，さらに R が1に近いほど高くなる．たとえば $l=1$ m のヘリウム・ネオンレーザ用の光共振器の Q は 10^9 程度である．

　光共振器において式(5.114)で与えられる縦モードの周波数間隔 Δf_q とスペクトル線の広がり幅 Δf_w の比を**フィネス**（finesse）といい，次にこれを求める．はじめに共振周波数 f_q 付近の周波数特性を考えよう．共振しているあるモードの減衰する電界 $e(t)$ を次のようにおく．

$$e(t) = E_0 \exp(-\sigma t/2) \cos \omega_q t \tag{5.131}$$

ここで E_0 は振幅，$\sigma/2$ は電界の減衰率および $\omega_q = 2\pi f_q$ である．この減衰波のスペクトルはフーリエ変換で求められる（問題5.8参照）．周波数特性を示す規格化された関数を $g(f)$ とすると

$$\int_{-\infty}^{\infty} g(f)df = 1 \tag{5.39}$$

$$g(f) = \frac{\Delta f_w}{2\pi\{(f-f_q)^2 + (\Delta f_w/2)^2\}} \tag{5.132}$$

となりローレンツ形である．ここで Δf_w は半値全幅を示し

$$\Delta f_w = \frac{\sigma}{2\pi} \tag{5.133}$$

で与えられる．したがって縦モード q と $q+1$ の周波数特性は図5.25となる．

フィネス F は Δf_q と Δf_w の比で定義されるから式(5.114)，(5.133)および(5.129)から

$$F = \frac{\Delta f_q}{\Delta f_w} = \frac{\pi c_0}{nl\sigma} \tag{5.134}$$

である．したがって Q と F の関係は，式(5.134)，(5.130)および $t_p = 1/\sigma$ より

$$Q = \frac{2l}{\lambda} F \tag{5.135}$$

となる．ここで λ は両反射鏡間の媒質内における波長である．

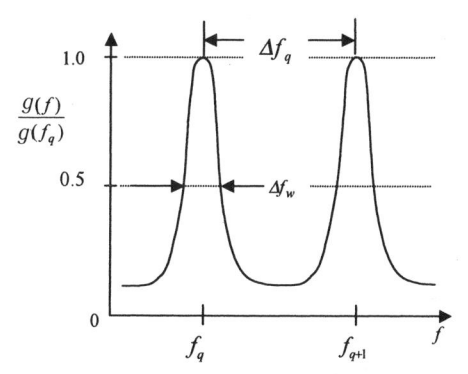

図 5.25　光共振器の周波数特性（R が大きい場合）

【例題 5.2】 あるレーザ媒質で，長さ $l = 300\,\mu\mathrm{m}$，屈折率 $n = 3.6$ の場合，縦モードの間隔 Δf_q はいくらか．
【解】 式(5.114)に数値を代入すると
$$\Delta f_q = \frac{3 \times 10^8}{2 \times 3.6 \times 300 \times 10^{-6}} \fallingdotseq 139 \quad \mathrm{GHz}$$

5.3 レーザ発振

（1） 発振条件

ファブリ・ペロー共振器内に反転分布しているレーザ媒質がおかれている場合を考える（図5.26参照）. 媒質は複素誘電率 $\varepsilon_t(f)$ をもち，その伝搬定数を K_t とする. ここで，平面光波が式(5.22)で与えられる

$$e(z, t) = \text{Re}\left[E \exp\{i(\omega t - K_t z)\}\right] \qquad (5.22)$$

の形で伝搬するとし，共振器の長さを l，反射鏡 M_1 と M_2 の振幅透過率をそれぞれ t_1 と t_2，振幅反射率をそれぞれ r_1 と r_2 とする.

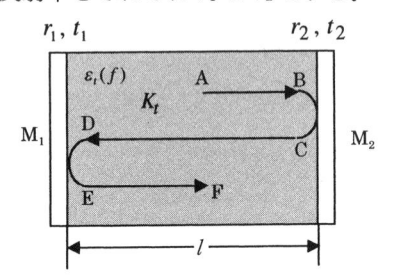

図5.26 レーザの発振条件を求めるモデル

光波が共振器の中央 $z = l/2$ の点Aから出発し，1往復してふたたび中央の点Fに戻ったとき，点Aと点Fで振幅が同じで，その間の位相差が 2π の整数倍となることがレーザの発振条件となる. これをすこし詳しく考察しよう. 点Aを出発点とし，ここの位相を基準にとると図5.26の各点における電界は次のように表される.

A　E

B　$E \exp\{-iK_t(l/2)\}$

C　$r_2 E \exp\{-iK_t(l/2)\}$

D　$r_2 E \exp[-iK_t\{(l/2) + l\}] = r_2 E \exp\{-iK_t(3l/2)\}$

E　$r_1 r_2 E \exp\{-iK_t(3l/2)\}$

F　$r_1 r_2 E \exp[-iK_t\{(3l/2) + (l/2)\}] = r_1 r_2 E \exp(-iK_t 2l)$

したがって点Fと点Aの電界の比をとり，それが $\exp(i2\pi q)$ に等しいとおくと発振の条件となる. ここで q は整数である. すなわち

$$r_1 r_2 \exp(-i2K_t l) = \exp(-i2\pi q) \quad q = 1, 2, 3, \cdots \qquad (5.136)$$

が条件式である．この式を実部と虚部に分けて考えよう．式(5.25)，(5.26)と(5.47)を用いると

$$K_t = K + \Delta K + i\{\Gamma(f)/2\}$$

となる．さらに，媒質内の散乱や吸収などの損失を係数 α で表し K_t に加えると

$$K_t = K + \Delta K + i\frac{1}{2}\{\Gamma(f) - \alpha\} \tag{5.137}$$

となる．式(5.137)を式(5.136)に代入すると

$$r_1 r_2 \exp\{-i2(K + \Delta K)l\} \exp[\{\Gamma_t(f) - \alpha\}l] = \exp(-i2\pi q) \tag{5.138}$$

が得られる．ここで $\Gamma_t(f)$ は発振条件を満足する $\Gamma(f)$ であり，利得係数のしきい値 (threshold) と呼ぶ．したがって式(5.138)から

$$r_1 r_2 \exp[\{\Gamma_t(f) - \alpha\}l] = 1 \tag{5.139}$$

$$2(K + \Delta K)l = 2\pi q, \quad q = 1, 2, 3, \cdots \tag{5.140}$$

が得られる．式(5.139)は発振の振幅条件であり，レーザ発振が起きる反転分布のしきい値を与える．また式(5.140)は発振の位相条件と呼ばれ，発振周波数を決める．

はじめに振幅条件を考えよう．式(5.139)からただちに

$$\Gamma_t(f) = \alpha - \frac{1}{l}\ln r_1 r_2 \tag{5.141}$$

が得られる．さらに $\alpha = 0$，M_1 と M_2 の強度反射率 $R_1 = r_1^2$，$R_2 = r_2^2$ が $R_1 = R_2 = R \approx 1$ の場合，式(5.141)は

$$\Gamma_t(f) = \frac{1-R}{l} \tag{5.142}$$

となる．また式(5.45)と(5.141)を用いると反転分布のしきい値 $(N_2 - N_1)_t$ は，つまり発振を起こすために必要な反転分布の最小値は

$$(N_2 - N_1)_t = \frac{8\pi f^2 t_{sp}}{c^2 g(f)}\left(\alpha - \frac{1}{l}\ln r_1 r_2\right) \tag{5.143}$$

で与えられる．

ポンピングしていないレーザ媒質では，反転分布が起きないから利得係数は負であり，吸収となる．ポンピング電力が高くなると，反転分布ができ増幅作

用が得られる．しかし利得が小さいと系の損失が大きく発振に至らない．さらにポンピング電力を高くすると，反転分布の量が十分に大きくなり，利得係数がしきい値に達すると，損失に勝りレーザ発振がスタートする．式(5.141)はこの現象を意味している．

利得係数 $\Gamma(f)$ や反転分布の量 $(N_2 - N_1)$ がそれぞれしきい値 $\Gamma_t(f)$, $(N_2 - N_1)_t$ に達してから，さらにポンピング電力を増加すると，定常状態の発振では式(5.141)がいつも成立しており利得係数はしきい値より大きくならない．これは発振がスタートすると，出力光が粒子分布に影響し，5.1節(6)で述べたような飽和が起きるためと考えられる．

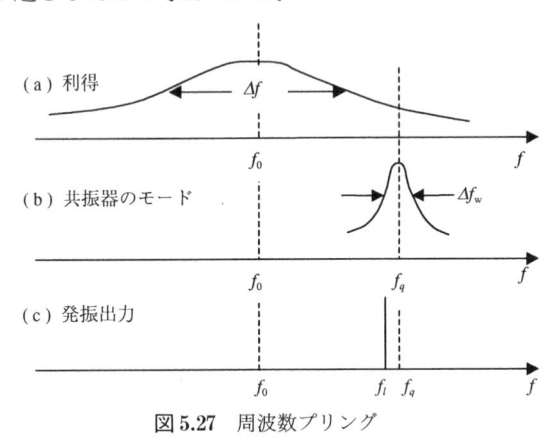

(a) 利得　Δf

(b) 共振器のモード　Δf_w

(c) 発振出力

図 5.27　周波数プリング

次に位相条件の式(5.140)から発振周波数 f_l を求めると

$$f_l = f_q - (f_q - f_0)\frac{\Delta f_w}{\Delta f} \tag{5.144}$$

となる．ここで $\alpha = 0$，$R_1 = R_2 \approx 1$ として計算した（参考文献9参照）．

また f_q は光共振器の共振周波数，Δf_w は共振曲線の半値全幅，f_0 は粒子のスペクトル線の中心周波数，Δf はその半値全幅である．さらに f_q が f_0 に近い値であり，f_l は f_q にほぼ等しいと仮定した．したがって式(5.140)の ΔK は f_q における値を用いた．その結果 f_l は誘導遷移による位相変化 ΔK のため式(5.144)の第2項に相当するわずかな量だけ f_q より f_0 の方へずれる．これは**周波数プリング**（frequency pulling）と呼ばれる（図5.27参照）．

(2) 発振出力

準位 W_1 の寿命が上の準位 W_2 の寿命（ほぼ t_{sp} に等しいとする）よりかなり短いと、それぞれの粒子密度を N_1, N_2 とすれば、N_1 は N_2 に比べて十分小さくなり、式(5.143)で $(N_2 - N_1)_t \approx (N_2)_t$ と近似できる。発振のしきい値にあるレーザ媒質（体積 V）において、W_2 からの自然放出電力 P_f は

$$P_f = \frac{(N_2)_t V h f}{t_{sp}} \tag{5.145}$$

となる。ここで f は放出光の周波数である。この放出光は発振のしきい値におけるけい光であり、**臨界けい光**（critical fluorescence）と呼ばれる。またこの媒質内で粒子の誘導放出による発振電力 P_e は

$$P_e = (N_2)_t V R_i h f \tag{5.146}$$

である。ここで、誘導遷移率 R_i が実効的ポンピング率 R_p [m^{-3}s^{-1}] と、$R_i = R_p/(N_2)_t - 1/t_{sp}$ の関係にあるので上式に P_f を用いると

$$P_e = P_f \left(\frac{R_p}{(N_2)_t/t_{sp}} - 1 \right) \tag{5.147}$$

が得られる。この式で $(N_2)_t/t_{sp}$ は R_p のしきい値である。P_e は光共振器内で発生する電力であり、このうちの一部が反射鏡からの透過光で、これがレーザの発振出力となる。外部へ取り出せる出力 P_{et} は

$$P_{et} = P_f \left(\frac{\Gamma_0 l}{L} - 1 \right) \frac{T}{L} \tag{5.148}$$

で与えられる（参考文献9参照）。ここで L は光波が光共振器を1回通過するときの損失率、T は鏡の強度透過率、l は共振器の長さおよび Γ_0 は式(5.55)に対応する利得係数である。それで T を変化してレーザ出力を最大にすることができる。

したがってレーザ発振の原理を要約すると次のようになる。反転分布の状態で自然放出による光が種（seed）となり、それが鏡によって反射され、反転分布しているレーザ媒質に**帰還**（feedback）する。自然放出光は多くの周波数成分をもつから、その中で準位 W_1 と W_2 との間の共振周波数をもつ光により（前述の P_f に相当）、誘導放出と吸収が起きる。反転分布のため誘導放出が吸収に勝り、光が増幅される。この光が共振器で多重反射を繰り返して帰還され、

さらに増幅される．その利得が最大となり，系全体の損失より大きくなるとレーザ発振する．すなわち自然放出で生じた光の種が大きく成長してレーザ出力となる．このような現象は"Light Amplification by Stimulated Emission of Radiation"と呼ばれ，その頭文字を取り**レーザ**（laser）という．

（3） 発振モード

レーザ発振のモードについて考える．光共振器における縦モードの周波数特性を図5.28(a)に示す．レーザ媒質の周波数特性つまりスペクトルの形 $g(f)$ はガウス形とする．この場合粒子は互いに独立にふるまい，中心周波数がわずかに異なるスペクトルが多数集まって全体として広がった1つのスペクトルを形成している．

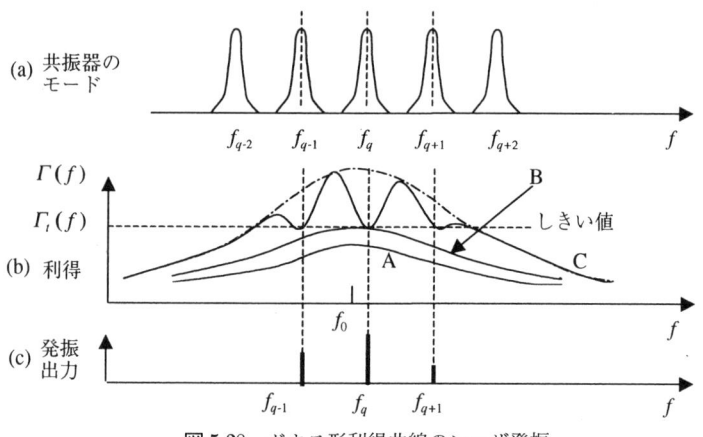

図5.28 ガウス形利得曲線のレーザ発振

式(5.45)にあるように利得係数 $\Gamma(f)$ は，$g(f)$ に比例するとともにポンピング電力（$\approx (N_2 - N_1)$）に比例する．したがってポンピング電力が低いと同図(b)の曲線Aとなる．ポンピング電力を増していくと，曲線Bのように，周波数 f_0 で利得がしきい値 $\Gamma_t(f)$ に達する．いま f_q が f_0 にほぼ一致するとすれば，f_q を中心とする狭い周波数幅の中にスペクトルをもつ粒子のみが発振に寄与するので，同図(c)のように f_q で発振する．ポンピングをさらに増加すると，利得曲線は一点鎖線で示した曲線Cになるはずである．しかしひとたび f_q で発振すると本節の(1)で述べたように，利得係数はしきい値より大きくならない．それで f_q 付近の曲線Cは同図の実線のようになる．

5.3 レーザ発振

(a)共振器のモード

(b)利得 $\Gamma(f)$　　f_{q-2}　f_{q-1}　f_q　f_{q+1}　f_{q+2}

$\Gamma_t(f)$ ……………………………………… しきい値

B, C

A

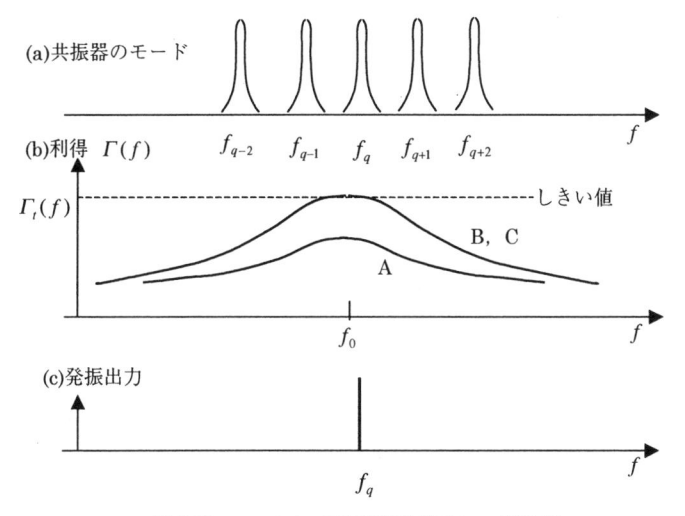

f_0

(c)発振出力

f_q

図 5.29　ローレンツ形利得曲線のレーザ発振

次にポンピングをいっそう強くすると，不均一な広がりをもつガウス形スペクトルのため，f_q よりかなり離れた周波数の $\Gamma(f)$ は増加し，両隣の周波数 f_{q-1} と f_{q+1} の利得係数もしきい値となり発振する．すなわちポンピング電力を増加していくと，いくつかの周波数が同時に発振することにより，利得曲線は実線で示した曲線 C となる．図 5.28(b)と(c)では 3 つのモードが発振している．このように発振周波数付近で谷のような形をもつ現象を**ホール・バーニング**（hole burning）と呼ぶ．

次にレーザ媒質のスペクトル線が均一な広がりをもつローレンツ形の場合を考察する．図 5.29(a)は前回と同様な光共振器の縦モードを示す．同図(b)の曲線 A はポンピング電力が低いときの利得曲線である．ポンピングを増すと曲線 B のように周波数 f_q で利得係数がしきい値 $\Gamma_t(f)$ となり発振がスタートする．さらにポンピングを高くしても，利得曲線 C は曲線 B と同じである．それはローレンツ形スペクトルではすべての粒子が同じ周波数特性をもち，発振しても $\Gamma(f)$ は $\Gamma_t(f)$ に固定され大きさや形が変化しない．したがって f_{q-1} と f_{q+1} における利得係数はしきい値より低いから発振しない．結局，同図(c)のように中心周波数 f_q で発振するモードのみである．

【例題 5.3】 $r_1 r_2 = 0.5$, $l = 10$ cm および $\alpha = 0$ の場合, 利得係数のしきい値 $\Gamma_t(f)$ を求めよ.

【解】 式 (5.141) において
$$\Gamma_t(f) = 0 - \frac{\ln 0.5}{10} = \frac{0.7}{10} = 0.07 \quad \text{cm}^{-1}$$

演習問題

5.1 式 (5.5) を導け.

5.2 $K_c{}^2 = (m\pi/a)^2 + (p\pi/b)^2$ を導け.

5.3 TE_{00} を除く理由を考えよ.

5.4 方形導波管において $a = 22.9$ mm, $b = 10.2$ mm であるとき, TE_{10} および TE_{01} モードの遮断波長を求めよ.

5.5 方形空胴共振器において, $a = 22.9$ mm, $b = 10.2$ mm および $l = 34.3$ mm であるとき, 基本モード TE_{101} の共振周波数を求めよ.

5.6 式 (5.123) を求めよ.

5.7 ガウスビームの基本モードにおいて, 波長 $\lambda = 633$ nm, 最小のスポットサイズ $w_0 = 0.4$ mm であるとき, ビームウエストからの距離 z が $0 \sim 2$ m と変化する場合, スポットサイズ $w(z)$ と等位相面の曲率半径 $R(z)$ がどのように変化するか図を描け.

5.8 式 (5.132) と式 (5.133) を求めよ.

5.9 光共振器において Δf_w が 0.995 MHz であった. $\Delta f_q = 150$ MHz の場合フィネス F を求めよ.

5.10 5.1 節の例題において $\lambda = c/f_0 = 0.6$ μm, $n = 1$, $t_{sp} = 0.1$ μs, $f = f_0$ で $1/g(f_0) = 1$ GHz の場合, $(N_2 - N_1)_t$ はいくらか.

第6章
光エレクトロニクスにおけるキーデバイス

　光エレクトロニクスにおける重要な素子には，発光源として**半導体レーザ**（laser diode），導波路として**プレーナ形誘電体光導波路**（planar dielectric optical waveguide）と**光ファイバ**（optical fiber），受光素子として**フォトダイオード**（photo diode）があげられる．これらをキーデバイスとして，光ファイバ通信や，各種のセンサ，光ディスクドライブなどが実現されている．この章ではこれらについて学ぶ．

6.1　誘電体光導波路と光ファイバ

　マイクロ波帯では金属製の導波管を使用するが（5.2節参照），光波帯では，金属の反射損失が大きいため誘電体薄膜による導波路が用いられる．ここでは**プレーナ形光導波路**と**ステップ形光ファイバ**を学ぶ．

（1）　プレーナ形光導波路

　誘電体光導波路は，図6.1のように，光が導かれる**コア**（core）と呼ぶ薄い部分（屈折率 n_1，厚さ $2a$）を**クラッド**（cladding layer）と呼ばれる部分（屈折率 $n_2 < n_1$）ではさむ構造となっている．この基本的特性は，たとえば

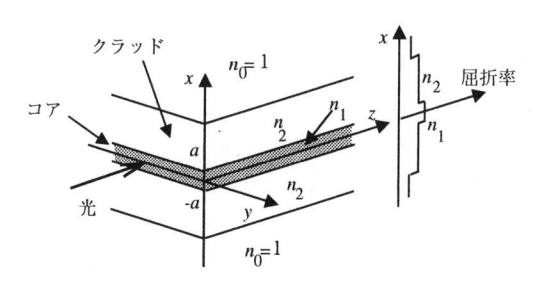

図6.1　誘電体光導波路

y 方向の長さが波長に比べてかなり長いプレーナ形のモデルで説明できる．ここでは取り扱いを簡単にするため，図 6.2 の対称プレーナ形を考察する．

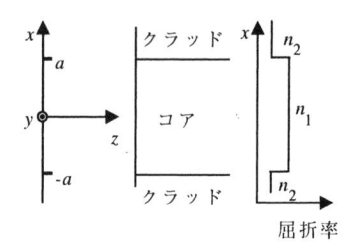

図 6.2 対称プレーナ形光導波路

導波路のモード（角周波数 ω）は，式 (5.57) と同様なヘルムホルツ方程式

$$\nabla^2 \boldsymbol{E}(\boldsymbol{r}) + K_0^2 n^2 \boldsymbol{E}(\boldsymbol{r}) = 0 \qquad (6.1)$$

の解で与えられる．ここで K_0 は真空中の伝搬定数（波数）で，$K_0^2 = \omega^2 \mu_0 \varepsilon_0 = (2\pi/\lambda_0)^2$ であり，n は屈折率である．電界を

$$\boldsymbol{E}(\boldsymbol{r}, t) = \boldsymbol{E}(x, y) e^{i(\omega t - \beta z)} \qquad (6.2)$$

とおくと，式 (6.1) は

$$\left(\frac{\partial^2}{\partial x^2} + \frac{\partial^2}{\partial y^2} \right) \boldsymbol{E}(x, y) + (K_0^2 n^2 - \beta^2) \boldsymbol{E}(x, y) = 0 \qquad (6.3)$$

となる．ここで β は位相定数（波数ベクトルの z 成分）である．この式の解は，誘電体の境界面において，電界と磁界の接線成分が連続でなければならない．プレーナ形では y 方向にまったく変化がないから，式 (6.3) で $\partial/\partial y = 0$ とおき，コアとクラッド部分に分けて書くと次式が得られる．

コア $\qquad \dfrac{\partial^2}{\partial x^2} E(x, y) + (K_0^2 n_1^2 - \beta^2) E(x, y) = 0 \qquad (6.4a)$

クラッド $\qquad \dfrac{\partial^2}{\partial x^2} E(x, y) + (K_0^2 n_2^2 - \beta^2) E(x, y) = 0 \qquad (6.4b)$

ここで $E(x, y)$ は電界ベクトル $\boldsymbol{E}(x, y)$ の座標成分である．

媒質は無損失とし，導波路は y 方向にまったく変化のない無限のプレーナ構造とする．マクスウェル方程式を直角座標成分に分けた 6 個の式は E_y, H_x, H_z のみを含む 3 個の式の第 1 グループと，H_y, E_x, E_z のみを含む 3 個の式の第 2 グループに分けられる．はじめのグループは進行方向に垂直な電界成分

E_y のみをもつ **TE モード** であり，第2のグループは進行方向に垂直な磁界成分 H_y のみをもつ **TM モード** である．両モードは基本的に似ているから，ここでは TE モードを考察する．

TE モードの関係する式は，式(5.79)，(5.81)と(5.83)で与えられる．z 方向に伝搬するモードでは $\partial/\partial z = -i\beta$ となるから，式(5.79)と(5.81)より

$$E_y = -\frac{\omega\mu}{\beta}H_x \tag{6.5a}$$

$$\frac{\partial E_y}{\partial x} = -i\omega\mu H_z \tag{6.5b}$$

である．導波路は $x=0$ の面に関して対称なので，モードの解は x について偶関数か奇関数となる．いま任意の z と t において

$$E_y(x) = E_y(-x) \tag{6.6}$$

のように偶関数の場合を取り上げると，モードの解は次の形となる．

$$E_y = A \exp\{-p(|x|-a)\}\exp(-i\beta z) \quad |x| \geq a \tag{6.7}$$

$$E_y = B\cos(hx)\exp(-i\beta z) \quad |x| \leq a \tag{6.8}$$

ここで，伝搬定数に相当する p と h は正の実数とする．それで式(6.5b)から

$$H_z = \mp \frac{ipA}{\omega\mu}\exp\{-p(|x|-a)\}\exp(-i\beta z) \quad |x| \geq a \tag{6.9}$$

$$H_z = -\frac{ihB}{\omega\mu}\sin(hx)\exp(-i\beta z) \quad |x| \leq a \tag{6.10}$$

である．ここで式(6.9)の複号は $x \geq a$ のとき $(-)$，$x \leq -a$ では $(+)$ をとる．このようなモードは TE 偶モード (even TE mode) とも呼ばれる．

コアとクラッドの境界面で，E_y と H_z がそれぞれ連続でなければならない．したがって $x = \pm a$ における E_y の連続性は，式(6.7)と(6.8)から

$$A = B\cos(ha) \tag{6.11}$$

となる．H_z の連続性は式(6.9)と(6.10)より

$$pA = hB\sin(ha) \tag{6.12}$$

である．それで式(6.11)と(6.12)から

$$pa = ha\tan(ha) \tag{6.13}$$

が得られる．また，式(6.7)と(6.8)の電界 E_y は方程式(6.4a, b)を満たさ

なければならないから

コア　　　$\beta^2 = K_0^2 n_1^2 - h^2$ 　　　　　　　(6.14a)

クラッド　$\beta^2 = K_0^2 n_2^2 + p^2$ 　　　　　　　(6.14b)

である．これらの式から

$$(pa)^2 + (ha)^2 = (n_1^2 - n_2^2)K_0^2 a^2 = \{R(2a)\}^2 \quad (6.15)$$

が得られる．したがって，ある1つのモードに対して，pとhが式(6.13)と(6.15)を同時に満たす必要がある．これを図形的に解く方法を説明しよう．

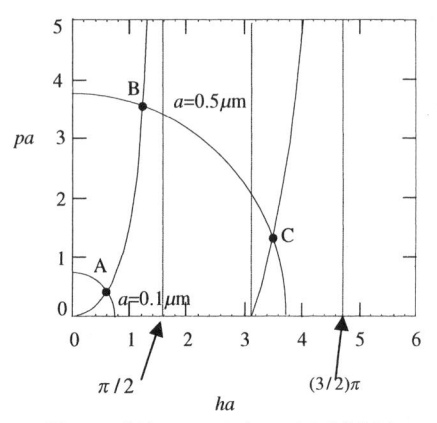

図6.3　導波モードを求める図形的解法

図6.3のpa‐haの平面において，半径$R(2a)$の円と曲線$pa = ha\tan(ha)$との交点（$p > 0$の領域）を求めると，これが導波モードを示しており，その伝搬定数βは式(6.14a, b)から得られる．

この図は$n_1 = 3.580$，$n_2 = 3.375$，$\lambda_0 = 1.0\mu$m，$a=0.1\mu$mと0.5μmの場合を描いている．$a=0.1\mu$mの場合，円と曲線の交点は点Aのみである．点Aはモード次数$m = 0$のTE$_0$モードに相当し，そのhaの範囲は

$$0 < ha < \frac{\pi}{2} \quad (6.16)$$

である．コアの厚さaが増加し0.5μmになると，交点は点Bと点Cの2つになる．点Bは式(6.16)を満たすのでTE$_0$モードである．また点Cは

$$\pi < ha < \frac{3\pi}{2} \quad (6.17)$$

の範囲にあり TE_2 モードと呼ばれる．このようにコアの厚さが増すと，許されるモードの数も増加する．また式(6.13)の右辺が ha 軸と交わる点は，$m\pi/2$ であるから，モード m の**カットオフ**（cut-off）の厚さ a_c は

$$R(2a_c) = m\frac{\pi}{2} \tag{6.18}$$

で与えられる．

$a = 0.5\mu\mathrm{m}$ の場合，同じ周波数のモードが2つ存在する．このとき TE_0 モードの p が TE_2 モードのそれより大きいから，TE_0 モードのほうが導波路内に強く閉じ込められる．また式(6.14a)からわかるように，TE_0 モードの β が大きいから，その位相速度 v_p は TE_2 モードより小さい（$v_p = \omega/\beta$ に注意）．

光の全電力のうち，コア内にある割合を**閉じ込め率**（optical confinement factor）γ_c と呼び

$$\gamma_c = \frac{\int_{-a}^{a} E_y^2 dx}{\int_{-\infty}^{\infty} E_y^2 dx} \tag{6.19}$$

で表される．TE_0 と TE_2 モードの模式的な電界分布を図6.4に示す．

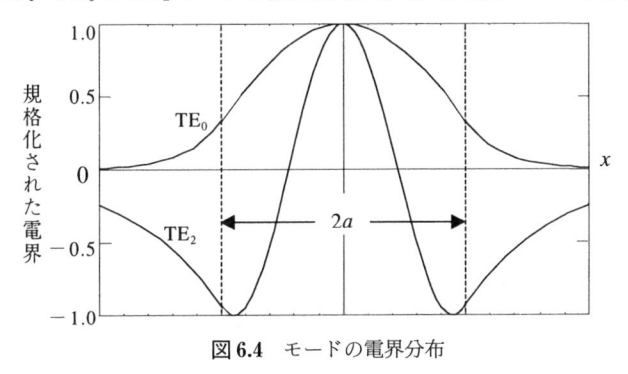

図6.4 モードの電界分布

式(6.6)が奇関数の場合，任意の z と t において

$$E_y(x) = -E_y(-x) \tag{6.20}$$

が成立するから TE 奇モード（odd TE mode）も同様にして求められる．また TM モードも TE モードと同じように計算できるが，閉じ込め率は TE モードよりやや小さい．

【例題6.1】 図6.2の対称プレーナ形光導波路において，モード m のカットオフを与えるコアの厚さ $2a_c$ を求めよ．ここで，$n_1 = 3.580$，$n_2 = 3.375$，$\lambda_0 = 1.0\mu m$ とする．

【解】 式(6.15)と式(6.18)から

$$(n_1^2 - n_2^2)K_0^2 a_c^2 = \{R(2a_c)\}^2 = \left(m\frac{\pi}{2}\right)^2$$

$$\therefore\ 2a_c = \frac{m\lambda_0}{2\sqrt{n_1^2 - n_2^2}}$$

となる．ここで，$K_0 = 2\pi/\lambda_0$．いま，$m = 1$ とおき（この奇モードは図6.3には示していない），上式に n_1，n_2 と λ_0 の値を代入して整理すると，カットオフを与えるコアの厚さ

$$2a_c = 0.418\mu m$$

が得られる．コアの厚さが増すと，許されるモード数も増える．したがって，たとえば厚さ $2a$ を

$$2a_c > 2a = 0.415\mu m$$

のようにおくと

$$R(2a) = 1.557$$

となる．

（2） ステップ形光ファイバ

図6.5に示すように，光ファイバは，細い円筒状ガラスのコアを，これより小さい屈折率をもつガラスのクラッドで包む構造である．コアの屈折率が高いから，プレーナ形光導波路と同様に，光がコアに閉じ込められ導波される．このようなガラスファイバは，低損失，広帯域，小さい断面積，電磁誘電を受けないなどの長所があり，光伝送路として広く使用される．屈折率が一定のファイバを**ステップ**（step index）形という．コアの直径が数μm では1つのモードのみを導波し**単一モードファイバ**（single-mode optical fiber）と呼ばれる．コア直径が $50\mu m$ ほどになると多くのモードが導波され**多モードファイバ**

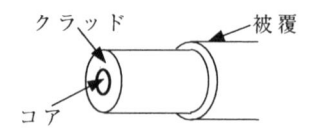

図6.5 光ファイバ

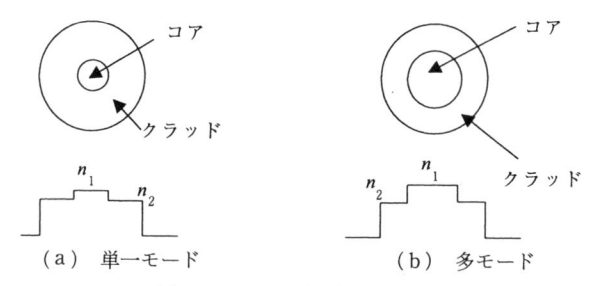

図6.6 ステップ形光ファイバ

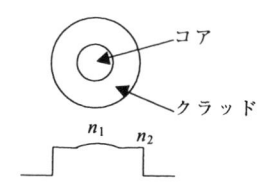

（a）単一モード

（b）多モード

図6.7 グレーデッド形光ファイバ

(multi-mode optical fiber) という（図6.6参照）．またコアが屈折率分布をもつファイバは**グレーデッド**（graded index）形と呼ばれる（図6.7参照）．ここではステップ形の導波モードについて考察する．

電磁界のz成分E_zとH_zについての方程式は，式(6.1)から

$$(\nabla^2 + K^2)\begin{bmatrix} E_z \\ H_z \end{bmatrix} = 0 \qquad (6.21)$$

で表される．ここで$K^2 = \omega^2 n^2/c_0^2$であり，図6.8のような円筒座標系(r, ϕ, z)を用いると，∇^2は

$$\nabla^2 = \frac{\partial^2}{\partial r^2} + \frac{1}{r}\frac{\partial}{\partial r} + \frac{1}{r^2}\frac{\partial^2}{\partial \phi^2} + \frac{\partial^2}{\partial z^2} \qquad (6.22)$$

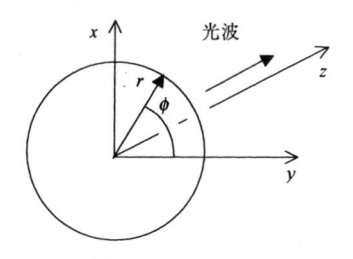

図6.8 円筒座標系

である．この座標系で波動の伝搬を解くには，一般に E_z と H_z を求めて，次にこれらを用いて，E_r, E_ϕ, H_r, H_ϕ を表す．z と t について，$\exp\{i(\omega t - \beta z)\}$ のように変化すると仮定して計算を進めると，式(6.21)は

$$\left\{\frac{\partial^2}{\partial r^2} + \frac{1}{r}\frac{\partial}{\partial r} + \frac{1}{r^2}\frac{\partial^2}{\partial \phi^2} + (K^2 - \beta^2)\right\}\begin{bmatrix}E_z \\ H_z\end{bmatrix} = 0 \quad (6.23)$$

で示される．さらに解を

$$\begin{bmatrix}E_z \\ H_z\end{bmatrix} = \psi(r)\exp(\pm il\phi), \quad l = 0, 1, 2, \cdots \quad (6.24)$$

とおくと，式(6.23)は

$$\frac{\partial^2 \psi}{\partial r^2} + \frac{1}{r}\frac{\partial \psi}{\partial r} + \left(K^2 - \beta^2 - \frac{l^2}{r^2}\right)\psi = 0 \quad (6.25)$$

となる．これは**ベッセル**(Bessel)の微分方程式であり，その解は l 次のベッセル関数および l 次の**変形ベッセル**(modified Bessel)関数で表される．

はじめに $l = 0$ の場合を考える．$\partial/\partial \phi = 0$ であるからモードの電磁界成分は，軸対称である．計算すると，電磁界は2つのグループに分けられる．第1の場合，成分が H_r, H_z, E_ϕ のみのTEモードである．固有値を β_m, $m = 1$, 2, 3, …とおくと，TEモードはTE$_{0m}$ と表される．添字0は $l = 0$ を示す．第2の場合，成分が E_r, E_z, H_ϕ のみのTMモードであり，TM$_{0m}$ と表される．

$l \geq 1$ の場合，E_z と H_z をともにもつ**ハイブリッドモード**(hybrid mode)となり，EHモードとHEモードに分けられる．この特徴は，ある参照点において，E_r や E_ϕ などの横成分の大きさに対して，E_z が相対的にある程度大きいとEH$_{lm}$ モードと呼ばれる．もし H_z が大であればHE$_{lm}$ モードと呼ぶ．

光ファイバでは，コアの屈折率 n_1 とクラッドの屈折率 n_2 の差が小さいから，比屈折率差 $(n_1 - n_2)/n_1 = \varDelta \ll 1$ を仮定すると，電磁界成分の近似式が求められる．このような方法は**弱導波近似**(weakly guiding approximation)と呼ばれる．この近似ではモード間の縮退が起こり，まとめると[HE$_{1m}$]，[TE$_{0m}$, TM$_{0m}$, HE$_{2m}$]，[HE$_{l+1,m}$, EH$_{l-1,m}$, $l \geq 2$]の3つに分けられる．これらは直線偏光の励起に対して便利な**LPモード**(linearly polarized mode)と呼ばれる．すなわちHE$_{1m}$ モードは90°異なる2つの偏光をもつからLP$_{0m}$

モードと呼ぶ．TE_{0m}，TM_{0m}，HE_{2m} モードは適当に重ねると直線偏光となり LP_{1m} モードという．同様に $HE_{l+1,m}$，$EH_{l-1,m}$ モード（$l \geq 2$）を重ねることにより得られる直線偏光は LP_{lm} モード（$l \geq 2$）と呼ぶ．

図 6.9 に LP モードの分散特性を示す．縦軸の n_{eq} は**等価屈折率**（equivalent index），横軸の V は**規格化周波数**（normalized frequency）と呼ばれ次式で与えられる．

$$n_{eq} = \frac{\beta}{K_0} \tag{6.26}$$

$$V = \frac{2\pi a n_1 \sqrt{2\Delta}}{\lambda_0} \tag{6.27}$$

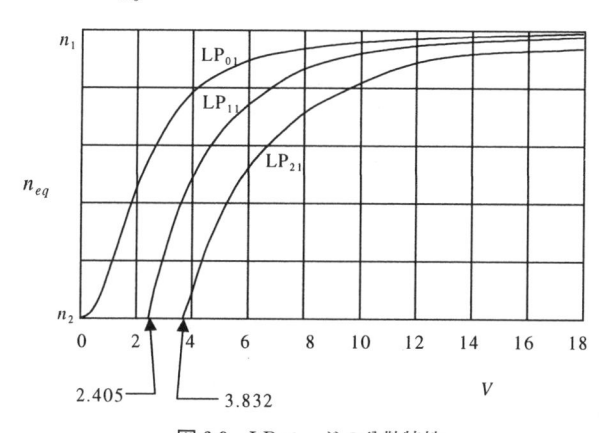

図 6.9 LP モードの分散特性

ここで Δ は前述の比屈折率差であり，λ_0 は自由空間波長である．図にみられるように，どのモードも規格化周波数 V が増加すると $n_{eq} \fallingdotseq n_1$ となる．このことは V が増加すると導波作用が強くなり，光波のエネルギーがほとんどコア内を通過することを意味する．導波作用が弱くなり，n_{eq} が n_1 より n_2 に近づき光波のエネルギーの大部分がクラッド内を伝搬すると $n_{eq} \fallingdotseq n_2$ である．すなわち導波モードでは $n_2 < n_{eq} < n_1$ である．また $n_{eq} = n_2$ となる規格化周波数を**遮断規格化周波数** V_c という．この値はベッセル関数の 0 点から求められる．表 6.1 にいくつかの LP モードの V_c を示す．

LP_{01} モードが基本モードであり，遮断規格化周波数がなく $V = 0$ まで導波が可能である．次の高次モードは LP_{11} モードである．その遮断規格化周波数

表6.1 LPモードの遮断規格化周波数 V_c

LPモード	V_c
LP_{01}	0
LP_{11}	2.405
LP_{21}, LP_{02}	3.832

は $V_c = 2.405$ であり，これより低い V では LP_{01} モードのみが導波され，単一モードの伝送となる．

【例題 6.2】 光ファイバにおいて，$\lambda_0 = 1.0\mu m$，$2a = 40\mu m$，$n_1 = 1.5$ および比屈折率差 $\Delta = 1\%$ の場合，規格化周波数 V はいくらか．
【解】 式(6.27)を用いて
$$V = \frac{2\pi \times 20 \times 1.5\sqrt{2 \times 0.01}}{1.0} = 26.6$$

6.2 半導体レーザ

半導体レーザもレーザの一種であり，原理的には前述の5章と同じである．しかし，そのサイズが小さいことや注入ポンピングのように半導体レーザに特有なことがらも存在する．したがって，半導体レーザが他のレーザと異なる点を重点的に説明する．

（1）半導体のエネルギー準位

気体などの孤立原子あるいは固体レーザの不純物原子はそれぞれの原子に特有の離散的なエネルギー状態があり，あるエネルギー状態からほかのエネルギー状態へと遷移することにより光の吸収や放出が起こる（1章参照）．

ところが半導体レーザの場合には，レーザ媒質である半導体の各原子が結晶そのものを構成しているため，そのエネルギー準位は原子の集団として考えねばならなくなる．そのエネルギー準位は非常に間隔が狭く，しかも，たくさんのエネルギー準位が存在し，ほとんど連続的になる．このようなエネルギー準位を**バンド構造** (band structure) をなすという（図6.10参照）．

半導体のエネルギー帯は，**価電子帯** (valence band) と**伝導帯** (conduction band) に分けられる．価電子帯の電子エネルギーは小さく，電子は各結

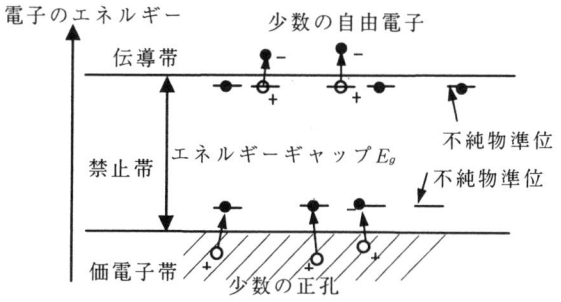

図 6.10 半導体のエネルギー状態（バンド構造）

晶格子（原子）に束縛され隣の原子（格子点）へは移動できない．一方，伝導帯の電子はエネルギーが大きく結晶中なら自由に移動できる．通常，価電子帯はほぼ電子で埋めつくされ，伝導帯には非常に少数の電子が存在する．価電子帯の電子が抜けた所を**正孔**（hole）といい，伝導帯の電子を**自由電子**（free electron）という．正孔と自由電子の移動が半導体中を流れる**伝導電流**（conduction current）となる．伝導帯の最もエネルギーの低い所から価電子帯の最もエネルギーの高い所までを**禁止帯**あるいは禁制帯（forbidden band）と呼び，それらのエネルギー差を**エネルギーギャップ**（energy gap）E_g と呼んでいる．禁止帯においては自由電子の存在も正孔の存在も許されない．表 6.2 にエネルギーギャップの例を示す．

表 6.2 半導体のエネルギーギャップ

物質（結晶）	E_g [eV]	物質（結晶）	E_g [eV]
Ge	0.785	InP	1.35
Si	1.21	CdS	2.4
GaAs	1.42	CdSe	1.74
AlAs	2.16	ZnS	3.77
InAs	0.36	C（ダイヤモンド）	5.47

（2） n形半導体と p形半導体

IV 族の原子（Si, Ge など）からなる半導体に少量の V 族の原子（As, P など）を不純物として混入するとこれらの原子は伝導帯のすぐ下に電子のエネルギー準位をつくり，熱エネルギーなどの弱いエネルギーによってでも容易にその電子を伝導帯に放出し，自分自身は正イオンとなる．このイオンは移動で

きないが，伝導帯に入った電子は自由電子であり，電気伝導に寄与し，電気伝導度が上がる．このように電気伝導が電子によっているものを **n形半導体**（n-type semiconductor）という．

一方，少量のⅡ族やⅢ族の原子（Zn, B など）を不純物として混入すると，これらの原子は価電子帯のすぐ上に電子の準位をつくる．価電子帯の電子は熱などからエネルギーをもらい，この不純物準位に遷移することが可能となる．電子を捕獲した原子は負イオンとなり移動できないが，電子の抜けた所（価電子帯）に正孔ができる．この正孔は電気伝導に寄与できるので，このような半導体を **p形半導体**（p-type semiconductor）と呼んでいる（図6.11参照）．

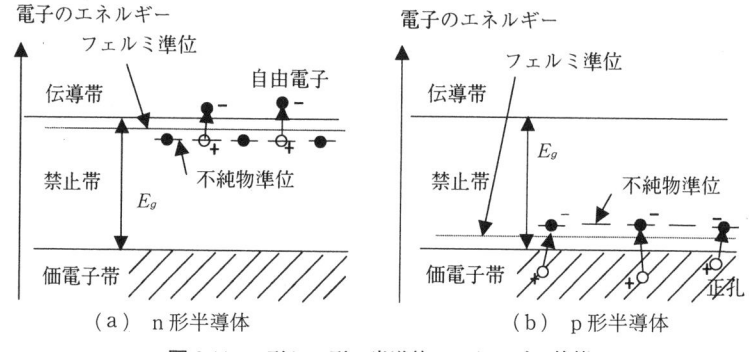

図6.11　n形とp形の半導体のエネルギー状態

（3）ダブルヘテロ接合

GaAs 半導体結晶のエネルギーギャップ E_g は約 1.4 eV で一定であるが，$(AlAs)_x(GaAs)_{1-x}$（あるいは $Al_xGa_{1-x}As$）半導体結晶は x の値が増すとエネルギーギャップが増加する．薄い GaAs 結晶を p 形の $Al_xGa_{1-x}As$ 結晶と n 形の $Al_xGa_{1-x}As$ 結晶ではさんだサンドイッチ構造（**ダブルヘテロ接合**；double hetero junction）をつくると真中の GaAs 層（レーザ動作の視点からは活性層と呼ばれる）のエネルギーギャップがその両側に比べて小さくなる．このダブルヘテロ接合に $V = E_g/q$ [V]（q は素電荷）にほぼ等しい順方向バイアス電圧を印加すると n 形側の電子エネルギーが大きくなり，n 形半導体に存在した自由電子は p 形側へと移動する．n 形の半導体からヘテロ接合を抜けて真中の E_g の小さな半導体に流れ込んだ自由電子は，エネルギーギャップの大きな p 形半導体中には流れ込めず，中央の E_g の小さな半導体にとどまることと

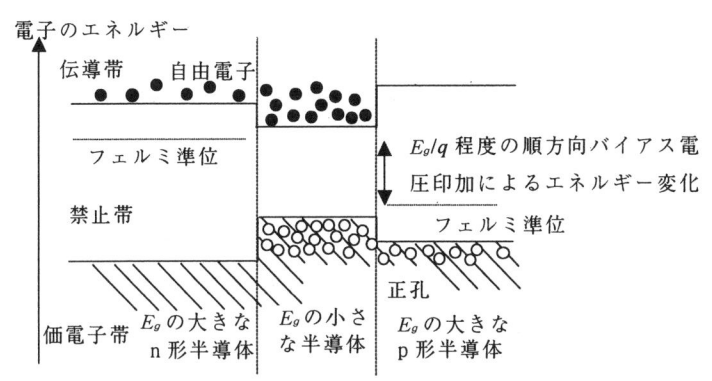

図中ラベル: 電子のエネルギー / 伝導帯 自由電子 / フェルミ準位 / 禁止帯 / E_g/q 程度の順方向バイアス電圧印加によるエネルギー変化 / フェルミ準位 / 正孔 / 価電子帯 / E_gの大きな n 形半導体 / E_gの小さな半導体 / E_gの大きな p 形半導体

図 6.12 E_g/q 程度の順方向バイアス電圧を印加した場合のダブルヘテロ接合

なる．まったく同様に p 形半導体中の正孔も真中の E_g の小さな半導体にとどまる．このような効果をダブルヘテロ接合の**キャリヤ閉じ込め**（carrier confinement）効果という（図 6.12 参照）．

すなわち，中央の E_g の小さな半導体の伝導帯にはたくさんの自由電子が存在し，価電子帯にはたくさんの正孔が存在することになる．つまりエネルギーの高い準位（この場合，伝導帯）にはたくさんの電子が存在し，エネルギーの低い準位（価電子帯）には電子の抜けた正孔がたくさん存在するので，一種の反転分布である．

このようにエネルギーギャップ E_g の小さな半導体の両側に E_g の大きな p 形と n 形の半導体とのヘテロ接合を配置し，(E_g/q)[V] 程度の順方向バイアス電圧を印加することにより中央の半導体に自由電子と正孔の共存状態（反転分布）をつくることができる．これは，いいかえると**キャリヤ注入**によるポンピングであり，半導体レーザが**注入形レーザ**（injection laser）とも呼ばれる理由である．

ダブルヘテロ接合にはキャリヤ閉じ込め効果のほかにもう一つの効用がある．半導体は $f \gtrsim E_g/h$ の周波数の光を放出したり，吸収したりするが，一般に E_g に相当する波長より長波長になると屈折率が低下する傾向がある（図 6.13 参照）．エネルギーギャップ E_g の小さな半導体で，電子が伝導帯から，価電子帯へ遷移する（電子と正孔の**再結合**：recombination）ときに発生する光の周波数は $f \approx E_g/h$ である（問題 6.1 参照）．そのような波長の光に対しては

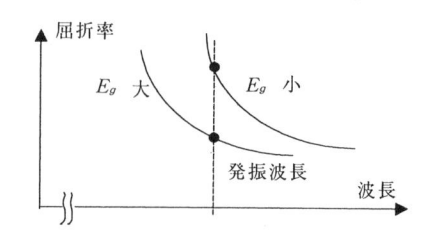

図6.13 屈折率と波長の関係の模式図

活性層の屈折率が大きく，その両側の E_g の大きな半導体の屈折率は小さくなる．このような屈折率分布は光を活性層に閉じ込める働きがある（光導波路として働く）．この効果はダブルヘテロ接合の**光閉じ込め**（optical confinement）効果と呼ばれる．

　光閉じ込め効果があると，発生した光は活性層に閉じ込められ散逸する光が少なくなる（損失が少なくなる）とともに，誘導放出の種が増すことにもなるので，より多くの誘導放出を発生させる．光導波路として見たとき，外側のエネルギーギャップの大きな（屈折率の小さな）半導体はクラッドとも呼ばれる．

（４）　横方向閉じ込めと横モード

　ファブリ・ペロー形半導体レーザの構造の模式図を図6.14に示す．もしこれまで説明したことがらのみであると，図6.14の x 方向には結晶界面のほかには何の構造もなく，x 方向に関しては，キャリヤの閉じ込め効果も光の閉じ込め効果もない．したがって横モードが複雑になったり，安定しなかったりする．このような現象を防止するには次に述べる２つの方法が実用されている．

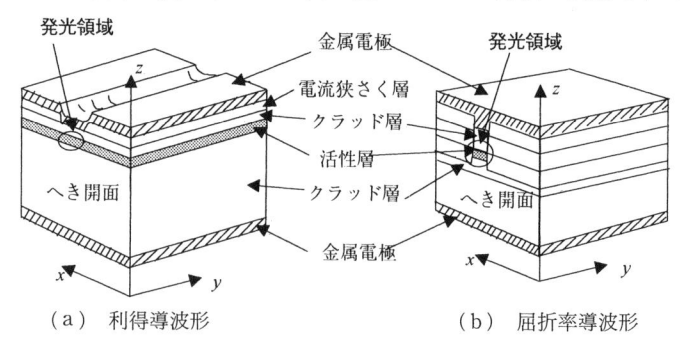

（a）利得導波形　　　　　　　　　（b）屈折率導波形

図6.14 ファブリ・ペロー形半導体レーザの構造模式図

　第１の方法は**利得導波形**と呼ばれ，絶縁物や逆バイアスの pn 接合で x 方向

の一部分のみ（**ストライプ**：stripe）以外の電流を遮断し，活性層の一部（ストライプの下）でのみ反転分布をもたせる方法である（図 6.14（a）参照）．その部分のみ利得があり，その部分を通る光のみが増幅され，それ以外では吸収が大きいので，ストライプの下のみに光が閉じ込められることになる．

第 2 の方法は**屈折率導波形**と呼ばれ，細長いストライプ状の活性層を残してほかの部分を屈折率の小さな誘電体で置き換える方法である（図 6.14（b）参照）．この方法によっても，残った活性層にだけ反転分布が生じる．この場合には x 方向にも誘電体光導波路構造となり，残された活性層の部分にのみ光が閉じ込められる．

上記の 2 つの方法のいずれかにより，x 方向のキャリヤの閉じ込めと光の閉じ込めを実現することにより，全電流の減少，発熱量の減少，横モードの安定化（あるいは単一横モードの実現）が可能となった．

（5） 光共振器と縦モード

半導体の屈折率は非常に大きく（たとえば，GaAs では $\lambda \approx 0.8\mu\mathrm{m}$ で $n \approx 3.6$），へき開しただけで約 30％もの反射率が得られる（問題 6.2 参照）．また，へき開面は，非常に平面度がよく，一対のへき開面の平行度も非常によい．これらの理由から半導体レーザではへき開面を反射鏡とするファブリ・ペロー形共振器が用いられる．

ファブリ・ペロー形共振器を用いた半導体レーザは，その共振器長が短いため（典型的な例は 0.3 mm）共振周波数の間隔は広い（問題 6.3 参照）．しかし伝導帯の底の電子と価電子帯の天井の正孔のみが再結合するわけでなく，よりエネルギーの高い伝導帯の電子と価電子帯の正孔（正孔の場合，下の方がエネルギーが高い）も再結合し，$f = E_g/h$ の周波数より大きな周波数の領域でも利得がある．すなわち利得の周波数幅が広い（典型的な例では GaAs で数十 nm の波長幅となる）．この幅は電子や正孔の状態が異なるから不均一な広がりである．

さらに半導体レーザでは，一般的にキャリヤを注入する注入ポンピングが行われるが，注入ポンピングは非常に効率がよく非常に大きな反転分布をつくることができる．そのため非常に大きな利得を得ることが可能である．したがって，30％程度の低反射率のへき開面を鏡として用い，かつ長さ 0.3 mm 程度

の短いレーザ媒質でも，利得が損失と釣り合うようにすることが可能である（問題 6.4 参照）．

共振器の共振周波数の間隔が広いにもかかわらず，不均一な利得の絶対値が大きくその周波数幅が広いため，複数の共振周波数で発振条件を満たし，多いときには数十本の縦モードが発生する．

(6) 動的単一モードレーザ

半導体レーザの温度がわずかに上昇すると屈折率が大きくなり発振波長はわずかに長くなる．また自由電子と正孔の分布も変化して利得が最大となる波長も長くなる．多くのファブリ・ペロー形半導体レーザにおいては，数℃の温度上昇があると，その利得最大の波長は長波長側の隣の共振波長へと移動する．そのため，単一縦モードで動作している場合には，縦モードが不連続的にジャンプして発振波長が長くなる．

駆動電流が高速に ON/OFF されると，熱の発生量が変化するから，ファブリ・ペロー形半導体レーザの発振波長は複雑に変化することになる．このような特性は，特に高速通信用レーザとしては望ましくない．このような縦モードの変動（特に縦モードのジャンプ）を防止することを主目的に開発されたのが**動的単一モードレーザ**（Dynamic Single Mode laser：**DSM レーザ**）である．DSM レーザには**分布帰還形レーザ**（Distributed FeedBack laser：**DFB レーザ**）と**分布反射形レーザ**（Distributed Bragg-Reflector laser：**DBR レーザ**）とがあるが，ここでは主として DFB レーザについて述べる．

(7) DFB レーザ

まずブラッグ反射器について述べる．ブラッグ反射器は図 6.15 に示すように導波路の一部に周期的に（周期を Λ とする）凹凸をも受けた構造（回折格子）となっており，この境界をはさんで屈折率の大きな媒質と小さな媒質（ク

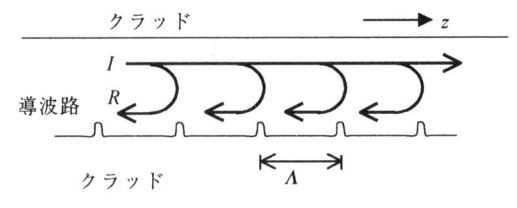

図 6.15 ブラッグ反射器の模式図

ラッド）とが接している．

図に示すように，z 方向へ進む波はこのような回折格子で散乱される．その散乱された波の $-z$ 方向に進む成分（反射波）と，さらに一周期先で散乱されて $-z$ 方向へ進む波とが同相で重なるなら，すなわち

$$k_{eq}2\Lambda = 2m\pi \quad m = 1, 2, 3, \cdots \tag{6.28}$$

なら，これら $-z$ 方向へ進む波は干渉して強め合い，結局大きな反射波 R が得られる．ただし k_{eq} はこの導波路中での実効的な伝搬定数である．また m をブラッグ反射の次数という（問題 6.5 参照）．もし同相でなければ干渉により打ち消し合って反射波は大きくなり得ない．

すなわち，上式より真空中の λ_0 が

$$\lambda_0 = \frac{2\Lambda n_{eq}}{m} \tag{6.29}$$

の光のみが選択的に反射される反射器となる．ここで，$k_{eq} = 2\pi n_{eq}/\lambda_0$ の関係を用いた．ただし，n_{eq} は実効的な屈折率である．ブラッグ反射器は凹凸の差が大きいほど，また周期の数が多いほど，反射率が増加する．

より詳細な解析によると，図 6.15 に示した構造では，電界の反射係数が純虚数となり，ブラッグ波長 λ_0 では発振条件 (5.138) を満足しない（参考文献 21 参照）．

図 6.16 に示すように周期構造を $\Lambda/4$ ずつシフトした構造にすると反射係数が実数になり，ブラッグ波長で発振させることができる（$\lambda/4$ シフト DFB レーザ）．

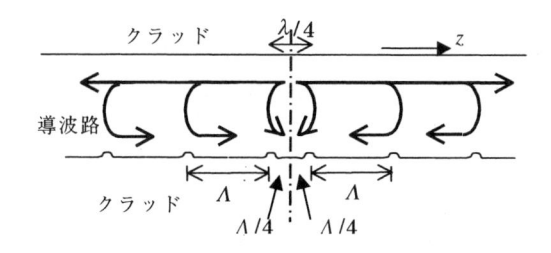

図 6.16 $\lambda/4$ シフトブラッグ反射器の模式図

実際の DFB レーザでは，凹凸を活性層との境界につくり込むといろいろな性能が悪化するため，活性層からあまり遠くないクラッド内に周期構造を作製

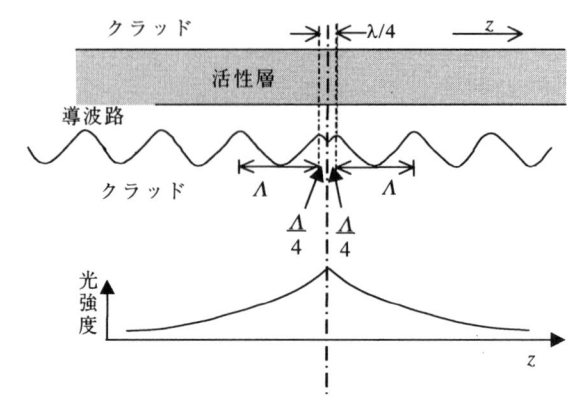

図 6.17 λ/4 シフト DFB レーザの模式図

し，活性層からにじみ出た光の成分に対して散乱を起こさせる．λ/4 シフト DFB レーザは，レーザの利得帯域幅内に，実際上，共振波長が 1 つしかないので，この共振器で決まる単一の波長で発振し，モードジャンプは起こらない．図 6.17 に λ/4 シフト DFB レーザの模式図を示す．

一方，DBR レーザは利得のある活性層のところには周期構造を設置せず，その両端に周期構造を設置するもので，原理的には λ/4 シフト DFB レーザとほぼ同様である．

【例題 6.3】 ある GaAs ダブルヘテロレーザの活性層の厚さ $d = 0.08\mu\text{m}$，幅 $w = 3\mu\text{m}$，長さ $L = 500\mu\text{m}$ とし，キャリヤの寿命を $\tau = 4\,\text{ns}$ とする．発振しきい値のとき注入された電流 $I_t = 10\text{mA}$ がすべて活性層での再結合によって失われると仮定すると，このとき毎秒注入されたキャリア密度 N [個 $\text{m}^{-3}\text{s}^{-1}$] はいくらか．また，GaAs 1 分子の分子量を 145，比重 $5.3\,\text{gcm}^{-3}$，アボガドロ数 $N_A = 6 \times 10^{23}\,\text{mol}^{-1}$ としたとき GaAs 分子の個数密度を求めよ．

【解】 キャリヤ密度 N と再結合率の関係から次のように計算される．

$$\frac{I_t}{dLwq} = \frac{N}{\tau}$$

$$\therefore N = \frac{I_t \tau}{dLwq} = \frac{10^{-2} \times 4 \times 10^{-9}}{0.08 \times 10^{-6} \times 0.5 \times 10^{-3} \times 3 \times 10^{-6} \times 1.6 \times 10^{-19}}$$

$$= 2.1 \times 10^{24}\,[\text{個 m}^{-3}] = 2.1 \times 10^{18}\,[\text{個 cm}^{-3}]$$

$$(\text{GaAs 分子の個数密度}) = \frac{N_A}{(1\text{mol の体積})} = \frac{N_A}{(1\text{mol の重量/密度})}$$

$$= \frac{6 \times 10^{23} \times 5.3}{145} = 2.2 \times 10^{22}\,[\text{個 cm}^{-3}]$$

（したがって，GaAs 分子数の約 1 万分の 1 の個数のキャリヤが注入されていることになる）

6.3 フォトダイオード

　光の検出には種々の原理を利用した素子が用いられる．ここでは，そのうち最もよく用いられている半導体の光起電力効果を利用したフォトダイオードとその変形と考えられるなだれフォトダイオードについて学習する．

（1）構造と動作原理

　フォトダイオードは半導体 pn 接合に逆バイアス電圧を印加し，光のエネルギーによって励起されたキャリヤを逆バイアス電界により移動させ，外部回路に誘導電流として取り出すものである．外部回路が開いていれば光起電力が発生する．その構造例を図 6.18，エネルギー状態を図 6.19 に示す．

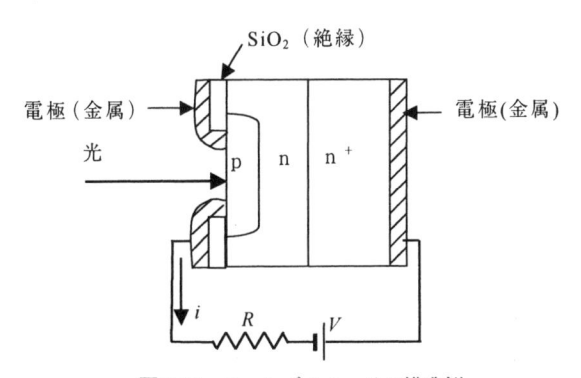

図 6.18 フォトダイオードの構造例

　バイアス電圧を印加しない熱平衡状態では電子が p 形側へ正孔が n 形側へ移動し，p 形側の電位を下げ，n 形側の電位を上げる．これは p 形側と n 形側のフェルミレベル*が一致するまで続く．これにより**電位障壁** V_ϕ（電子のエネルギーに換算すると qV_ϕ）が発生し，p 形と n 形の境界付近では自由電子も正孔も存在しない**空乏層**（depletion layer）ができる．空乏層の p 形に近い所で

---

*電子などのフェルミ粒子の集団において，準位の占有確率が 1/2 になるエネルギー値をフェルミレベルという．このレベルより上の準位では占有確率が急激に減少する．

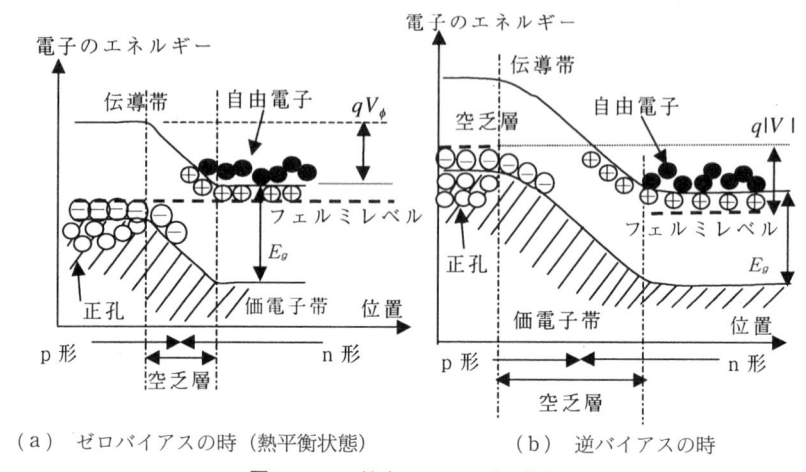

132 第6章 光エレクトロニクスにおけるキーデバイス

（a）ゼロバイアスの時（熱平衡状態）　　　（b）逆バイアスの時

図 6.19 pn 接合のエネルギー状態

は電子を捕獲して負イオンとなった**アクセプタ**（acceptor）が存在し，n形に近い所では電子を放出して正イオンとなった**ドナー**（donor）が存在する．空乏層では正イオンと負イオンがそれぞれ層をなしているため，**空間電荷層**（space charge region）とも呼ばれる．空乏層内ではn形側からp形側へ強い電界が存在するが，その外側では正電荷と負電荷がほぼキャンセルするため，電界はほとんど存在しない．

　n形側に正，p形側に負の電圧（逆バイアス電圧）を印加するとその電圧に相当する分だけ電位障壁が増し，空乏層も厚くなる．厚くなった分だけ空乏層の正イオンと負イオンの数が増す．これは逆バイアス電圧を印加したことにより正負の電荷が蓄えられたことになり，静電容量が存在することになる．この容量を**接合容量**（junction capacity）という．

　逆バイアスされた空乏層に光が入射することを考える．プランクの定数をh，光の周波数をfとすると，光と物質とのエネルギー授受はhf単位でなされる．hfがこの半導体のエネルギーギャップE_gより小さいと，hfのエネルギーで価電子帯の電子を伝導帯へ上げることはできないので，自由電子や正孔が発生することはなく電流は流れない．hfがE_gより大きい場合には価電子帯の電子を伝導帯へ上げることが可能となる．伝導帯に入った電子（自由電子）は空乏層に存在する電界によってn形側へとドリフトする．このように電荷が移

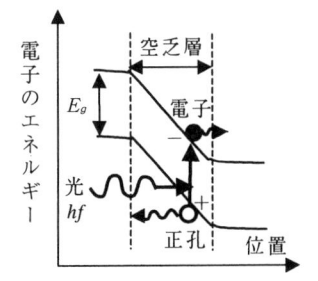

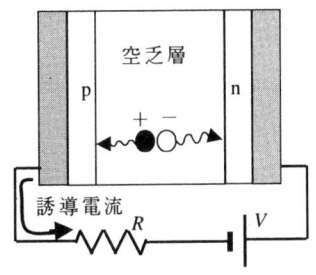

6.3 フォトダイオード **133**

(a) 光の吸収と電子正孔対の発生　　(b) 電子正孔対の発生と誘導電流

図 **6.20** 光の吸収によるキャリアの発生とそのドリフトによる誘導電流

動すると外部回路には誘導電流が流れることになる（図 6.20 参照）. すなわち, pn 接合に逆バイアス電圧が印加されていて $hf > E_g$ の光が吸収されるとキャリヤが生成され電流が流れる. このように光の照射により自由電子が発生し, その移動の結果, 流れる電流を**光電流**（photo current）という.

　光の照射がないときにも, 熱エネルギーによってキャリヤが励起され**暗電流**（dark current）が流れるが, 以後この分を除いて考える.

（2）光電流と入射光量の関係

　光が吸収されたことによって流れる電流（光電流）を見積もってみよう. 空乏層へ入射する光の電力を P, その持続時間を T とすると光のエネルギーは PT である. 光の周波数を f とすると hf のエネルギーがあれば自由電子を 1 個生成することができるから, 発生する自由電子の数を単位時間あたり n_e 個とすると

$$n_e T = \frac{PT}{hf} \qquad (6.30)$$

の自由電子を生成できる可能性がある. しかし光のエネルギーがすべて自由電子の生成に利用されるとは限らないので,

$$n_e T = Q \frac{PT}{hf} \qquad (6.31)$$

となる. $Q(0 < Q < 1)$ は**量子効率**（quantum efficiency）と呼ばれ, フォトダイオードの性能を記述する重要なパラメータである. 光を 1 個あたり hf のエネルギーを持った粒子（光子）の集まりとみると, Q は単位時間あたり発

生する電子数 n_e と単位時間あたりの入射光子数 n_p の比となる．

$$Q = \frac{n_e}{n_p} = \frac{n_e}{P/(hf)} \qquad (6.32)$$

この n_e 個の電子は1個あたり $-q$ ($q = 1.602 \times 10^{-19}$ C) の電気量を運ぶので，単位時間あたり運ばれる電気量（電流）は式(6.31)を用いて次式となる．

$$i = qn_e = \frac{qQ}{hf}P = \rho P \quad [\text{A}] \qquad (6.33)$$

ここで，ρ は**感度**（sensitivity）と呼ばれ次式で定義される．

$$\rho = \frac{qQ}{hf} \qquad (6.34)$$

この光電流 i が外部回路の負荷抵抗 R を流れるが，負荷抵抗 R には無関係に一定である．また，光電流は入射光電力に比例するから，R で消費される電力（i^2R）を出力とすると，出力は入射光電力の2乗に比例することになる．したがってこの方式は**2乗検波方式**とも呼ばれる．

（3）　波長応答特性

前述したように，価電子帯の電子が光からエネルギーをもらう際，エネルギーの授受は hf 単位で行われる．光速度を c_0 として，自由空間での波長 λ を用いて hf を表すと，$hf = hc_0/\lambda$ である．このエネルギーが半導体のエネルギーギャップ E_g より大きいときのみ，価電子帯の電子が伝導帯へ遷移し，自由電子が発生し，外部回路に電流が流れる．いいかえると

$$E_g < \frac{hc_0}{\lambda} \quad \text{すなわち} \quad \lambda < \frac{hc_0}{E_g} \qquad (6.35)$$

のときのみ光電流が流れる．

光の波長は式(6.35)を満足しなければならないが，あまりにも小さくなると，半導体内における光の吸収が急増し，入射面近傍で吸収されつくしてしまう．そのようなときには入射面近傍のp層でのみ自由電子と正孔が発生する．入射面近傍のp層で発生した自由電子（図6.18の場合）は拡散により空乏層の方向へ移動するが，空乏層に達する前に多数キャリア（この場合正孔）と再結合し，電流は流れない．したがって光の波長があまりにも小さいと量子効率 Q が低下し，感度 ρ も低下する．よってフォトダイオードの波長応答特性には最適な波長があり，最適波長は半導体のエネルギーギャップと密接に結びつ

いている．波長特性の例を図 6.21 に示す．

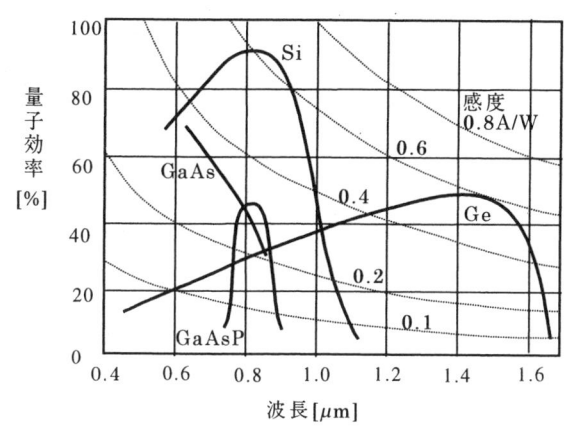

図 6.21 フォトダイオードの波長特性の例

（4） 周波数応答特性

図 6.19 で示される，空乏層に近い p 層の領域で入射光子が吸収され自由電子と正孔が発生したとすると，それらのキャリアは空乏層まで拡散によって移動する．拡散による移動速度は遅いため p 層が厚いと応答速度は遅くなる．したがって高速応答を得るためには，電位傾配のある空乏層を厚くし，電位傾配のない p 層を薄くする必要がある．そのためには不純物の少ないイントリンシック層*（i 層）を設けて空乏層を厚くするとともに，電位傾配のない p 層を薄くする．このようにするとコンデンサの電極間隔が大きくなったのと同様の理由で接合容量も低下し，回路の遮断周波数（後述）が大きくなり，高速応答となる．このような p-i-n 構造のフォトダイオードを **pin フォトダイオード**（pin photodiode）と呼ぶ．

フォトダイオードの本質的な応答速度の上限は空乏層をキャリアが走行する時間で決まる．空乏層のどちらかの端で発生したキャリアが，空乏層の一端から他端まで走行している間（走行時間を T_t とする），外部回路に誘導電流が流れ，1 個のキャリアあたり電荷素量 q の電気量を流す．したがって，ドリ

---

*真性半導体からなる層．そこにはもともと自由電子や正孔が存在しない．

フト速度を一定と仮定すると1個のキャリアあたりの電流は q/T_t で時間 T_t だけ持続する．入射光に変調がかけられその変調の周期が T_t よりも短い（変調周波数が高い）と，出力電流はその変調周波数での変化に追随できないことになる．これが走行時間による周波数応答の上限となる．この上限の周波数を f_T とすると

$$f_T \approx 1/(2\pi T_t) \tag{6.36}$$

となる．フォトダイオードは光電流を流す電流源と接合容量との並列回路で等価的に表される．これらを明示したのが図6.22である．

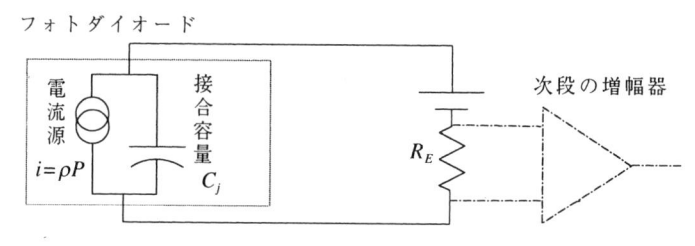

図 6.22　フォトダイオードの等価回路

負荷抵抗 R を含む等価的な抵抗 R_E が接合容量 C_j と並列に入っているから，この回路の遮断周波数 f_C は

$$f_C \approx \frac{1}{2\pi R_E C_j} \tag{6.37}$$

となる．

したがって，変調周波数は f_T と f_C の両者より低いことが必要条件となる．

（5）雑音と検出可能な信号光の最小値

フォトダイオードで光を検出する際，種々の雑音が発生する．主なものは次の2つである．

　a）負荷抵抗 R に発生する**熱雑音**（thermal noise）

負荷抵抗 R の内部において自由電子の熱運動によるゆらぎのため，その抵抗の両端に雑音電圧が発生する．この雑音電力（熱雑音）は，ボルツマン定数を k_B，等価温度を T_E，検出回路の帯域幅を B とすると，

$$P_{\text{thermal noise}} = 4k_B T_E B \tag{6.38}$$

である．

b） 光電流に伴う**散弾雑音**（shot noise）

光電流が存在するとき，電子密度の不均一性にもとづく電流のゆらぎが存在する．これが古典的に見たときの散弾雑音の原因である．この雑音電力は平均光電流を I_0，電子の電荷の絶対値を q，帯域幅を B とすると

$$P_{\text{shot noise}} = 2qBI_0R \tag{6.39}$$

である．

信号光電力が小さいとき，平均光電流 I_0 も小さいから，信号光電力が小さいときの雑音は熱雑音が支配的となる．信号光電力 P が角周波数 ω_M で変調されているとき，変調度を $m(0 \leq m \leq 1)$ とすると

$$P = P_s(1 + m \cos \omega_M t) \tag{6.40}$$

と表される．ただし，P_s は平均信号光電力である．

これを式(6.33)に代入して，負荷抵抗 R に発生する角周波数 ω_M の交流電力成分の時間平均値（平均信号出力電力）を求めると次式となる（問題6.6参照）．

$$\overline{i^2}R = \left(\frac{qQ}{hf}P_sm\right)^2 R\overline{\frac{1+\cos(2\omega_M t)}{2}} = \left(\frac{qQ}{hf}P_sm\right)^2 \frac{R}{2} \tag{6.41}$$

ただし，上線は一周期の時間平均を示す．この平均信号出力電力が小さく熱雑音電力（式(6.38)）に等しいとすると

$$\left(\frac{qQ}{hf}P_sm\right)^2 \frac{R}{2} = 4k_BT_EB \tag{6.42}$$

を得る．このときの P_s を検出可能な信号光の最小値 $(P_s)_{\text{MIN}}$ と定義すると

$$(P_s)_{\text{MIN}} = \frac{2hf}{qQ}\sqrt{\frac{2k_BT_EB}{R}} \tag{6.43}$$

となる．ただし変調度を $m=1$ とした．

実用されている 0.85μm 帯の Si フォトダイオードは，量子効率80％程度，帯域幅1 GHz 程度および暗電流1 nA 以下である．

（6） なだれフォトダイオード

pn 接合の逆バイアス電圧を増加させると空乏層が広がるとともに空乏層の電界強度も増加し，空乏層を横切るキャリヤが，半導体中の結晶格子と激しく衝突する．その結果，結晶格子に束縛されていた価電子が伝導帯へ励起される．

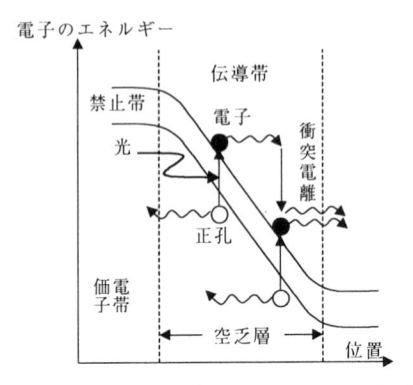

図 6.23 なだれフォトダイオードのエネルギー状態

このようにして電子正孔対が発生するメカニズムを**衝突電離**（impact ionization）という．衝突電離が起きると空乏層を走行するキャリヤの数が増加するので外部回路を流れる誘導電流も増加する（図 6.23 参照）．

光が吸収され電子正孔対が発生すると電子と正孔は逆方向へドリフトするが，電界強度が充分大きいと電子と正孔のおのおのが次々と衝突電離を起こし，外部回路を流れる誘導電流が非常に大きくなる．すなわち電流の増倍作用がある．この現象を**なだれ増倍**（avalanche multiplication）という．この電流増倍率 M は逆バイアス電圧 V の関数で

$$M = \frac{1}{1 - \left(\frac{|V|}{V_B}\right)^n} \tag{6.44}$$

と近似される．V_B は**降伏電圧**（breakdown voltage）と呼ばれる．また n の値は Si で 3，Ge で 3〜6 程度である．このようななだれ増倍を利用したフォトダイオードを**なだれフォトダイオード**（Avalanche PhotoDiode：APD）という．このフォトダイオードではバイアス電圧 $|V|$ が V_B に近づくと電流増倍率 M は急激に増加し，電流が急増して発熱のため半導体は破壊（**なだれ降伏**）に到る．Ge なだれフォトダイオードの構造例を図 6.24 に示す．

一般に湾曲している端部の降伏電圧は平坦な中央部より小さいので，増倍率が大きな状態で使用すると湾曲している端部だけがなだれ降伏に到る．したがってガードリングと呼ばれる高抵抗の領域で端部を埋め込みこの領域の降伏電

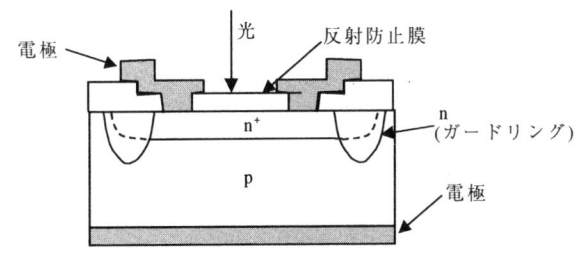

図 6.24 なだれフォトダイオードの構造例

圧を高め，中央部の pn 接合でのみ均一になだれ増倍が起こるようにしている．

なだれフォトダイオードの応答速度は基本的には，フォトダイオードのそれと同じであるが，増倍率の大きいときには応答速度が遅くなる．

次になだれフォトダイオードの信号出力電流と検出可能な信号光の最小値を考察する．入射光の電力が式 (6.40) で示されるものとすると，出力電流はフォトダイオードの M 倍となるから，その角周波数 ω_M の交流の電力成分は

$$\overline{i^2}R = \left(\frac{qQ}{hf}P_s mM\right)^2 \frac{R}{2} \tag{6.45}$$

となり M^2 倍となる．ショット雑音電力もフォトダイオードの場合の M^2 倍となることが予想されるが，実際には M^2F 倍になることが知られている．ここで F は過剰雑音指数と呼ばれ，$F = M^x$ (Si では $x = 0.3 \sim 0.5$，Ge では $x = 1$) である．すなわちショット雑音電力は $MF = M^{2+x}$ 倍に増加する．$M = 1$ の場合にはフォトダイオードと同様に熱雑音の方がショット雑音より大きい．しかし，M が大きくなると，(熱雑音は M に無関係に一定であるが) ショット雑音は M^{2+x} 倍で増加するのでやがてはショット雑音が熱雑音と等しくなる．さらに M が大きくなりショット雑音が支配的になると雑音は M^{2+x} で増加するので信号の増加 M^2 より大きく，M を大きくするほど，信号対雑音比 S/N は小さくなる．すなわち，熱雑音とショット雑音がほぼ等しい増倍率 M のときに S/N は最大となる．このときの M を最適増倍率 M_{OP} とすると，検出可能な信号光の最小値 $(P_s)_{\text{MIN}}$ は

$$(P_s)_{\text{MIN}} = \frac{4hf}{qQM_{\text{OP}}}\sqrt{\frac{k_B T_E B}{R}} \tag{6.46}$$

となる (問題 6.6 参照)．

実用化されている $0.85\mu\mathrm{m}$ 帯の Si-APD は，$Q = 0.8$，帯域幅 1 GHz，増倍率 1000 程度および暗電流 1 nA 以下である．$1.0 \sim 1.6\mu\mathrm{m}$ 帯の Ge-APD は帯域幅 2 GHz，増倍率 100 程度である．

【例題 6.4】 pn 接合フォトダイオードにおいて厚さ $d = 0.3\mu\mathrm{m}$ の空乏層をキャリヤが飽和速度 $\bar{v} = 10^7 \mathrm{cms}^{-1}$ で走行するものとする．このときの走行時間 τ_T を求めよ．またこの走行時間により決められる周波数応答の上限 f_T（概略値）を求めよ．さらに，受光面を $5\mu\mathrm{m} \times 5\mu\mathrm{m}$，比誘電率を 12 としたときの接合容量 C_j を見積もり，$R_E = 10\,\Omega$ のときの回路遮断周波数 f_c を求めよ．

【解】

$$\tau_T = \frac{d}{\bar{v}} = \frac{0.3 \times 10^{-4}}{10^7} = 0.3 \times 10^{-11} \quad [\mathrm{s}]$$

$$f_T = \frac{1}{2\pi\tau_T} = \frac{1}{2\pi \times 0.3 \times 10^{-11}} \fallingdotseq 5.3 \times 10^{10} \quad [\mathrm{Hz}]$$

$$C_j = \varepsilon_0 \varepsilon_s \frac{(5 \times 10^{-6})^2}{d} = 0.89 \times 10^{-11} \times 12 \times \frac{25 \times 10^{-12}}{0.3 \times 10^{-6}}$$

$$= 8.9 \times 10^{-15} \quad [\mathrm{F}]$$

$$f_c = \frac{1}{2\pi \times 10 \times 8.9 \times 10^{-15}} \fallingdotseq 1.8 \times 10^{12} \quad [\mathrm{Hz}]$$

演習問題

6.1 活性層のエネルギーギャップが $E_g = 1.4\,\mathrm{eV}$ の半導体がレーザとして動作しているとする．発振波長はいくらか．また青色（波長約 $0.4\mu\mathrm{m}$）のレーザ光を発振させるためには，エネルギーギャップがいくらの半導体を活性層に用いなければならないか．

6.2 屈折率 $n = 3.6$ の媒質と空気との境界面での垂直入射のときの反射率（2 章参照）を求めよ．

6.3 屈折率 $n = 3.6$，共振器長 $l = 0.3\,\mathrm{mm}$ のファブリ・ペロー共振器の共振周波数間隔を求めよ．それを波長に換算すると共振波長間隔は大略，いくらになるか（5.2 節参照）．発振周波数を 340 THz とする．

6.4 共振器長 $l = 0.3\,\mathrm{mm}$，実効屈折率 $n_e = 3.2$ の半導体レーザの利得係数のしきい値 Γ_t を求めよ．ただし，レーザ媒質の吸収や散乱による損失係数を $\alpha = 25\,\mathrm{cm}^{-1}$ とせよ（5.3 節参照）．また，このときレーザ媒質を光が片道だけ通ると光の電界

は何倍に増幅されるか．

6.5 波長 $\lambda_0 = 1.5\mu m$ で発振する DFB レーザにおいてブラッグ反射器を1次の回折 ($m=1$) で利用すると，周期構造の周期 Λ はいくらになるか（実効屈折率 $n_{eq} = 3.2$ と仮定せよ）．

6.6 式(6.46)を次の手順で導け．
① APD に入射する光を
$$P = P_s(1 + m\cos\omega_M t)$$
とおき，APD を流れる光電流を求めよ．
② 平均信号電力成分を求めよ．ただし負荷抵抗を R とする．
③ 負荷抵抗 R に発生する熱雑音電力 $4k_B T_E B$ とショット雑音 $2qI_0 BRM^{2+x}$ ($I_0 = \rho P_s$ は直流電流) の概形を，横軸を増倍率 M とする両対数グラフに描け．また信号電力の概形も描け．
④ S/N が最大となるのは，ショット雑音と熱雑音が等しくなるところ ($M = M_{OP}$) として式(6.46)を求めよ．

6.7 下図のような光通信システムにおいて，半導体レーザを ON/OFF することによって信号を送・受信するものとする．ON と OFF の時間は平均して 50 % ずつとする．

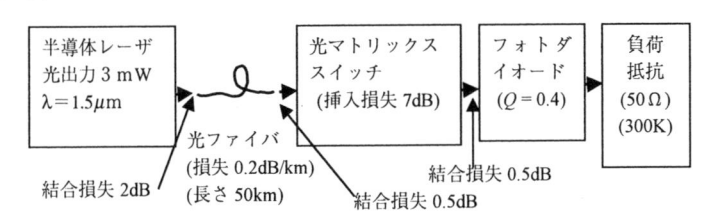

```
┌─────────┐      ┌─────────┐   ┌──────┐   ┌──────┐
│半導体レーザ│      │光マトリックス│   │フォト │   │負荷  │
│光出力 3 mW│→─∿─→│スイッチ    │→ │ダイ  │→ │抵抗  │
│λ=1.5μm  │      │(挿入損失 7dB)│   │オード │   │(50Ω) │
└─────────┘      └─────────┘   │(Q=0.4)│   │(300K)│
                                  └──────┘   └──────┘
    結合損失 2dB  光ファイバ    結合損失 0.5dB
                (損失 0.2dB/km)
                (長さ 50km)  結合損失 0.5dB
```

図問 6.1　光通信システムの例

① 半導体レーザが ON を送信したときに，フォトダイオードに入射する光パワー（電力）を求めよ．
② 持続時間が 1 ns の光パルスであるとすると，フォトダイオードに入射する 1 パルスあたりのエネルギーを求めよ．
③ 半導体レーザからフォトンが放出されるものとして，1つのフォトンのエネルギーを求めよ．
④ フォトダイオードで自由電子（あるいは正孔）が発生するが，フォトダイオードの量子効率を $Q = 0.4$ として 1 パルスあたりの自由電子（あるいは正孔）の個数を求めよ．
⑤ ON のときに負荷抵抗に流れる電流を求めよ．

⑥ 負荷抵抗を流れる平均信号電流を求めよ．
⑦ 負荷抵抗に発生する熱雑音電流の平均値を求めよ．ただし，帯域幅Bとして周期2 nsのパルス列の基本周波数の2倍までを考えるものとする（B=1 GHz）．

付　　録

付録1. SI（国際単位）の接頭語

倍数	名　称	記号	倍数	名　称	記号
10^{18}	エクサ	E	10^{-1}	デ　シ	d
10^{15}	ペ　タ	P	10^{-2}	センチ	c
10^{12}	テ　ラ	T	10^{-3}	ミ　リ	m
10^{9}	ギ　ガ	G	10^{-6}	マイクロ	μ
10^{6}	メ　ガ	M	10^{-9}	ナ　ノ	n
10^{3}	キ　ロ	k	10^{-12}	ピ　コ	p
10^{2}	ヘクト	h	10^{-15}	フェムト	f
10	デ　カ	da	10^{-18}	ア　ト	a

付録2. 基本定数（SI unit）

真空中の光速度	$c_0 = 2.99792458 \times 10^8$ m·s^{-1}
電子の質量	$m_e = 9.109534 \times 10^{-31}$ kg
陽子の質量	$m_p = 1.672649 \times 10^{-27}$ kg
素電荷	$q = 1.6021917 \times 10^{-19}$ C
プランク定数	$h = 6.626196 \times 10^{-34}$ J·sec $h/2\pi = \hbar = 1.0545919 \times 10^{-34}$ J·s
ボルツマン定数	$k_B = 1.380622 \times 10^{-23}$ J·K^{-1}
アボガドロ定数	$N_A = 6.022169 \times 10^{23}$ mol^{-1}
熱の仕事当量	$J_{15} = 4.1855$ J(15° cal)$^{-1}$
真空の誘電率	$\varepsilon_0 = 0.88541878 \times 10^{-11}$ C·V^{-1}·m^{-1}
真空の誘磁率	$\mu_0 = 4\pi \times 10^{-7}$ H·m^{-1}

付録3. エネルギー換算表（K, cm^{-1}, eV, Hz）

単　位	熱エネルギー $\underline{kT}$ K	波数でみた電磁 波のエネルギー $\underline{hc\lambda^{-1}}$ cm^{-1}(カイザー)	電子エネルギー $\underline{qV}$ eV	周波数でみた電磁 波のエネルギー $\underline{hf}$ Hz
1 K =	1	0.69503	0.86171×10^{-4}	2.0836×10^{10}
1 cm^{-1} =	1.43879	1	1.23981×10^{-4}	2.9979×10^{10}
1 eV =	1.16049×10^{4}	0.80657×10^{4}	1	2.4180×10^{14}
1 Hz =	4.7993×10^{-11}	3.3356×11^{-1}	4.1356×10^{-15}	1

付録4. ベクトル演算

ここでは，電磁気学や光エレクトロニクスを理解するうえで重要なベクトル場，ベクトル演算について簡単に説明する．特に，発散（divergence）と回転（rotation）は，マクスウェルの方程式を理解するのに重要である．

$\hat{x}$，$\hat{y}$，$\hat{z}$ をそれぞれ x 方向，y 方向，z 方向を示す単位ベクトルとする．また，ベクトル A，B の x，y，z 成分をそれぞれ A_x，A_y，A_z，および B_x，B_y，B_z とすると，

$$A = A_x\hat{x} + A_y\hat{y} + A_z\hat{z}, \quad B = B_x\hat{x} + B_y\hat{y} + B_z\hat{z} \quad (付4.1)$$

である．

（1） ベクトルの内積（スカラー積）

各成分の積の和として，A と B の**内積**を次のように定義する．

$$\begin{aligned}A \cdot B &\equiv (A_x\hat{x} + A_y\hat{y} + A_z\hat{z}) \cdot (B_x\hat{x} + B_y\hat{y} + B_z\hat{z}) \\ &= A_xB_x + A_yB_y + A_zB_z\end{aligned} \quad (付4.2)$$

この結果はスカラーとなるので**スカラー積**とも呼ばれる．この内積は，次に述べる外積と異なりかけ算の順序に無関係である．また A と B とのなす角を θ とすると，

$$\begin{aligned}A \cdot B &= |A||B|\cos\theta = |A| \times (B \text{ の } A \text{ 方向への射影}) \\ &= |B| \times (A \text{ の } B \text{ 方向への射影})\end{aligned} \quad (付4.3)$$

となる．すなわち片方と同じ方向成分の積である．単位ベクトルの間には次式が成立する．

$$\hat{x} \cdot \hat{x} = \hat{y} \cdot \hat{y} = \hat{z} \cdot \hat{z} = 1, \quad \hat{x} \cdot \hat{y} = \hat{y} \cdot \hat{z} = \hat{z} \cdot \hat{x} = 0 \quad (付4.4)$$

（2） ベクトルの外積（ベクトル積）

スカラー量の「積」では，普通，面積＝縦×横と定義される．これは，平行四辺形の面積の特殊な場合と考えられる．また，3次元空間での面はその方向をもっている．ベクトルの**外積**はこの観点から次のように定義される．

$$\begin{aligned}A \times B &\equiv (\hat{x}A_x + \hat{y}A_y + \hat{z}A_z) \times (\hat{x}B_x + \hat{y}B_y + \hat{z}B_z) \\ &= \hat{x}(A_yB_z - A_zB_y) + \hat{y}(A_zB_x - A_xB_z) + \hat{z}(A_xB_y - A_yB_x)\end{aligned} \quad (付4.5)$$

ただし，単位ベクトルどうしの外積は

$$\begin{aligned}&\hat{x} \times \hat{x} = \hat{y} \times \hat{y} = \hat{z} \times \hat{z} = 0, \quad \hat{x} \times \hat{y} = -\hat{y} \times \hat{x} = \hat{z}, \\ &\hat{y} \times \hat{z} = -\hat{z} \times \hat{y} = \hat{x}, \quad \hat{z} \times \hat{x} = -\hat{x} \times \hat{z} = \hat{y}\end{aligned} \quad (付4.6)$$

である．ベクトルの外積はベクトルであるので，**ベクトル積**とも呼ばれる．なお，上の式は次のように行列式を用いて表現すると記憶に留めやすい．

$$A \times B = \begin{vmatrix} \hat{x} & \hat{y} & \hat{z} \\ A_x & A_y & A_z \\ B_x & B_y & B_z \end{vmatrix} \tag{付 4.7}$$

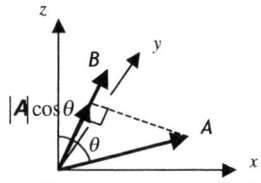

付図 **4.1** ベクトルの内積
大きさのみ(スカラー)でその
大きさは $|A||B|\cos\theta$

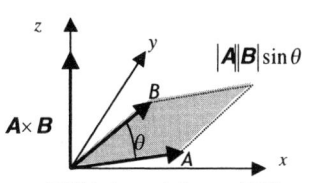

付図 **4.2** ベクトルの外積
大きさは $|A||B|\sin\theta$ で方向は A から B へ
右ネジを回したときそのネジの進む方向

(3) ベクトル場

たとえば xy 平面上に

$$A(x, y) = 3x\hat{x} - y\hat{y} \tag{付 4.8}$$

で定義されるベクトルがあるものとする.ベクトル A は平面上の一点 (x, y) を指定すればそのベクトルが定まる.たとえば $(1, n)$ では

$$A(1, n) = 3\hat{x} - n\hat{y} \tag{付 4.9}$$

となる.このようにベクトルの存在する空間(上の例では 2 次元空間,すなわち平面)を**ベクトル場**という.

(4) ベクトル場の勾配 (gradient)

ベクトル微分演算子**ナブラ** ∇ を次式で定義する.

$$\nabla \equiv \hat{x}\frac{\partial}{\partial x} + \hat{y}\frac{\partial}{\partial y} + \hat{z}\frac{\partial}{\partial z} \tag{付 4.10}$$

ナブラはベクトルである.このときスカラー場 ϕ の**勾配**を次式で定義する.

$$\text{grad}\,\phi \equiv \nabla\phi \equiv \left(\hat{x}\frac{\partial}{\partial x} + \hat{y}\frac{\partial}{\partial y} + \hat{z}\frac{\partial}{\partial z}\right)\phi = \hat{x}\frac{\partial\phi}{\partial x} + \hat{y}\frac{\partial\phi}{\partial y} + \hat{z}\frac{\partial\phi}{\partial z} \tag{付 4.11}$$

勾配はベクトルとなる.この演算により,ϕ の x, y, z 方向の勾配や最大勾配の方向が求められる.

(5) 発散 (divergence)

ベクトル場 A の**発散**をナブラとの内積で定義する.すなわち

$$\text{div}\,A \equiv \nabla \cdot A \equiv \left(\hat{x}\frac{\partial}{\partial x} + \hat{y}\frac{\partial}{\partial y} + \hat{z}\frac{\partial}{\partial z}\right) \cdot (\hat{x}A_x + \hat{y}A_y + \hat{z}A_z)$$
$$= \frac{\partial A_x}{\partial x} + \frac{\partial A_y}{\partial y} + \frac{\partial A_z}{\partial z} \tag{付 4.12}$$

発散はスカラーとなる．
一例として，次の2次元のベクトル場を考える．

$$A(x, y) \begin{cases} = \hat{x}(1 + \cos x) + 0\hat{y} & |x| < \pi \text{ のとき} \\ = 0 & |x| \geq \pi \text{ のとき} \end{cases} \quad (付4.13)$$

この発散は次式となる．

$$\text{div } A \equiv \nabla \cdot A = \frac{\partial(1 + \cos x)}{\partial x} + \frac{\partial 0}{\partial y} = -\sin x \quad |x| < \pi \text{ のとき}$$

$$\text{div } A \equiv \nabla \cdot A = 0 \quad |x| \geq \pi \text{ のとき}$$
$$(付4.14)$$

このベクトル A を xy 平面上で描くと付図4.3となる．x 成分は，その x 座標に応じて増減している．

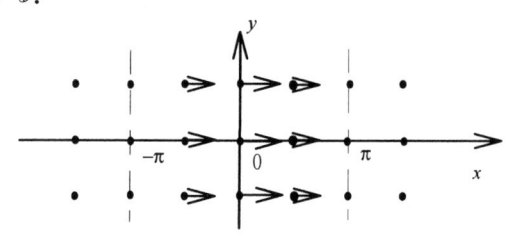

付図4.3 式(付4.13)のベクトル場

div A が正（$-\pi < x < 0$）のとき，ベクトル A の大きさは x 方向に大きくなり，水の流れにたとえると，あたかも水が湧き出しているかのように見える．このように湧き出している場合には div A は正となり，逆に div A が負（$0 < x < \pi$）のときには排水口のように吸い込んでいる．

マクスウェルの式の中に次式が含まれている．

$$\text{div } D \equiv \nabla \cdot D = \rho \quad (付4.15)$$

この式は電荷密度 ρ が正であると，電束密度 D が湧き出しており，ρ が負であると吸い込まれていることを示している．すなわち電気力線は正電荷から発生し，負電荷で消滅することを示している．

一方，

$$\text{div } B \equiv \nabla \cdot B = 0 \quad (付4.16)$$

は磁束密度 B には湧き出し口も吸い込み口もない，すなわち磁力線は閉曲線あるいは無限遠まで続くことを示している．

(6) ベクトル場の回転 (rotation)

ベクトル A の**回転**をナブラとの外積で定義する．

$$\text{rot } \boldsymbol{A} \equiv \nabla \times \boldsymbol{A} = \left(\hat{\boldsymbol{x}} \frac{\partial}{\partial x} + \hat{\boldsymbol{y}} \frac{\partial}{\partial y} + \hat{\boldsymbol{z}} \frac{\partial}{\partial z} \right) \times (\hat{\boldsymbol{x}} A_x + \hat{\boldsymbol{y}} A_y + \hat{\boldsymbol{z}} A_z)$$

$$= \hat{\boldsymbol{x}} \left(\frac{\partial A_z}{\partial y} - \frac{\partial A_y}{\partial z} \right) + \hat{\boldsymbol{y}} \left(\frac{\partial A_x}{\partial z} - \frac{\partial A_z}{\partial x} \right) + \hat{\boldsymbol{z}} \left(\frac{\partial A_y}{\partial x} - \frac{\partial A_x}{\partial y} \right)$$
(付 4.17)

ベクトル場の回転はベクトルとなる．一例として，次の 2 次元のベクトル場を考える．

$$\boldsymbol{H}(x, y) = H(-\hat{\boldsymbol{x}} \sin \theta + \hat{\boldsymbol{y}} \cos \theta)$$
$$= H\{-\hat{\boldsymbol{x}}(y/d) + \hat{\boldsymbol{y}}(x/d)\}$$
(付 4.18)

ただし，d は考えている点 (x, y) と座標原点との距離であり，θ は点 (x, y) と原点を結ぶ直線が x 軸となす角である．このベクトル場を付図 4.4 に示す．d の大きさとともに H の大きさも変化するが，この平面上を左回りに回転していることがわかる．d が一定の場合，この回転を計算すると次式となる．

$$\text{rot } \boldsymbol{H} \equiv \nabla \times \boldsymbol{H} = H \left[0 \hat{\boldsymbol{x}} + 0 \hat{\boldsymbol{y}} + \hat{\boldsymbol{z}} \left\{ \frac{1}{d} - \left(-\frac{1}{d} \right) \right\} \right] = H \frac{2}{d} \hat{\boldsymbol{z}}$$
(付 4.19)

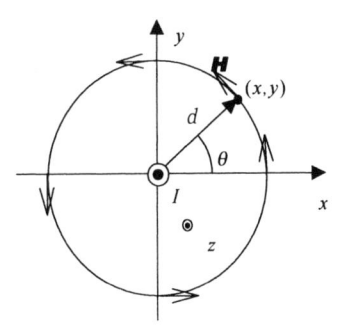

付図 4.4 式(付 4.18)のベクトル場

すなわち，このように回転しているベクトル場の回転をとると z 軸の正方向を向くベクトルとなることがわかる（逆回りだと z 軸の負方向を向くベクトルとなる）．すなわち，その回転がゼロではないベクトル場は渦状になっている．

ところで，$H = I/(2\pi d)$ とすると，このベクトル場は無限に長い直線状電流 I（$+\hat{\boldsymbol{z}}$ 方向に流れているとする）から d だけ離れた円周上にできる磁界の大きさ H となりその円周上での回転は次式となる．

$$\text{rot } \boldsymbol{H} \equiv \nabla \times \boldsymbol{H} = H \frac{2}{d} \hat{\boldsymbol{z}} = \frac{I}{\pi d^2} \hat{\boldsymbol{z}}$$
(付 4.20)

πd^2 は考えている半径 d の円の面積であるから，右辺はこの円内を流れる電流密

度である.いいかえると,電流密度 $i = \hat{z}I/(\pi d^2)$ があると,$\hat{z}$ 方向を回転軸とする渦状の磁界が発生することになる.

マクスウェルの式の中の

$$\operatorname{rot} \boldsymbol{H} \equiv \nabla \times \boldsymbol{H} = \boldsymbol{i} + \frac{\partial \boldsymbol{D}}{\partial t} \qquad (付 4.21)$$

は電流密度 i と電束密度の時間変化(変位電流)$\partial D/\partial t$ があると,磁界 H には回転が生ずることを示している.これは,この式がアンペールの周回積分の法則(ある閉曲線に沿う起磁力はそれに鎖交する電流に等しい)*の微分形であることを思い出してほしい.

同様に,マクスウェルの式の

$$\operatorname{rot} \boldsymbol{E} \equiv \nabla \times \boldsymbol{E} = -\frac{\partial \boldsymbol{B}}{\partial t} \qquad (付 4.22)$$

は磁束密度 B に時間変化があると電界 E には回転が生ずることを示している.これは,この式がファラデーの電磁誘導の法則(ある閉回路と鎖交する磁束の時間変動がその閉回路を周回するような起電力を発生する)の微分形であることを思い起こすと納得がいくであろう.

---

*さらに詳細にいうと,伝導電流,対流電流および変位電流の三者の和を電流とする.

参考 レーザ光の安全性基準の概要

　　　　日本工業標準調査会：レーザ製品の放射安全基準，JIS C 6802，日本規格協会（1988制定）より抜粋，詳細は原本を参照のこと．
　表記のJIS基準は，製造業者の安全予防対策，使用者の安全予防対策，パルスレーザに関する安全予防対策，およびCWレーザに関する安全予防対策を含んでいるが，ここでは主として，使用者側の観点から，最も重要と思われる，(1)眼に対する障害，(2)レーザ光のクラス分け（CWレーザの場合），および(3)保護めがねについて概要を説明する．

（1）眼に対する障害の概要
　レーザ光による障害はやけどなどのように人間の身体の種々の部位に起こり得る．しかし，紫外線の一部の波長領域を除いて，眼への照射が最も許容露光量が小さいので，眼に対する安全をクリアしていると，ほぼ安全であるといえる．

・レーザ光波長λと眼の吸収部位

$\lambda=1.5\,\mu m$ 以上	角膜表層で吸収される．
$\lambda=1.2\sim1.5\,\mu m$	波長により眼内組織の吸収率が大きく変化し，障害部位も複雑である．
$\lambda=0.4\sim1.2\,\mu m$（可視および近赤外）	角膜および水晶体は透明であるが，眼底では集光作用により10^4倍の強度となって吸収される．

・障害に至る反応としては次のようなことがあげられる
　　温度上昇による組織構成たん白質の変性・破壊
　　光化学反応による障害
　　プラズマ流や圧力波による破壊

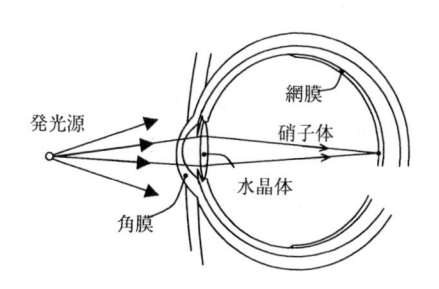

付図 参1　眼の部位と集光作用

・障害部位と視機能の関連

角膜の障害	表層に限定されるなら後遺症を残さない．角膜実質の障害のときには不正乱視や不透明化が起こる．(視力の低下は永続)
水晶体	白濁した場合（白内障）には，摘出手術．
網膜	再成作用がないため障害は永続する．
硝子体	網膜から硝子体への出血が多いと，硝子体の濁りが残る．

＊眼に障害が起きると，ほとんどが回復不可能ということになる．

（2） レーザのクラス分け（CW レーザの場合）

レーザ製品にはその危険の程度を示すクラスが明記されている．下の表はCWレーザの場合をまとめたものである．

クラス1	設計上，本質的に安全
クラス2	可視光（波長 0.4〜0.7 μm）のレーザ（1 mW 以下）． 本質的には安全ではないが，通常，眼のまばたき等の反射作用を含む嫌悪反応によって眼に対する保護ができる． 使用する光路の端を終端とする必要あり．
クラス3A	波長 0.4〜0.7 μm の CW レーザでは 5 mW 以下． 眼のまばたき等の反射作用により眼に対する保護ができる．しかし，光学的手段（たとえば双眼鏡）を用いてビーム内観察をすると危険． 鍵による制御・ビーム遮断器等の設置・警告標識・教育と訓練が必要．
クラス3B	CW レーザでは 0.5 W 以下． ビーム内での観察は危険．鏡面反射光を裸眼で見てはいけない．しかしある条件下では拡散反射器を介して安全に観察可能． リモートインターロックコネクタの設置が必要．保護めがねの着用が必要．
クラス4	CW レーザでは 0.5 W 以上． 拡散反射でも危険となる可能性がある．これは，皮膚障害をもたらし，また火災を発生させる危険がある． 難燃性耐熱物質でつくられた保護着の着用が必要．レーザ光路を光路カバーで覆うこと．

・通常の半導体レーザ光源や光ファイバからのレーザ光の場合には，発光径が小さいので，レーザ光の広がり角が小さいときや光源と眼との距離が小さいときに，眼への露光量が大きくなり，危険．

波長 0.7 μm の半導体レーザ光を一例として考えると，10 秒間，直接，眼へ露光するときの最大許容露光量は $10 \mathrm{Wm}^{-2}$ （$=1 \mathrm{mWcm}^{-2}$）である．したがって，眼を極端にレーザ光源や光ファイバ端面に近づけない限り安全である．波長が，より長くなると最大許容露光量は増加する．

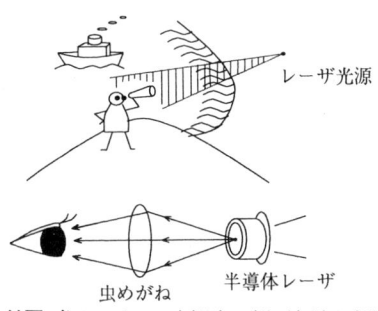

付図 参2　ビーム内観察の例（危険な例）　　付図 参3　拡散反射の例

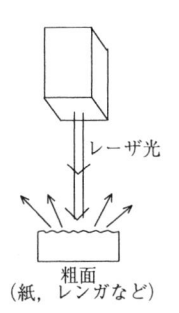

(3)　保護めがね

　レーザ保護めがねの着用は，眼の障害を防ぐ安全なレーザの取り扱いの第一歩であるが，むやみに乱用または過信してはならない．

・保護めがねの光学濃度

　使用する保護めがねは，適切な光学濃度，強度が必要である．光学濃度 D_λ は次式で定義され，10^{-3} に減衰するフィルタの D_λ は3である．

$$D_\lambda = \log_{10}\left(\frac{\text{入射ビームの放射照度 または 放射露光}}{\text{透過ビームの放射照度 または 放射露光}}\right)$$

　多くのレーザは，複数の波長の光を放出しているので，そのすべての波長に対して保護可能なめがねの着用が必要である．

・保護めがねの強度

　レーザビームを保護めがねに照射すると，溶解，燃焼，ひび割れなどが生じる．このため使用環境で3秒間以上耐える強度が望ましい．

演習問題の略解

1.1 ① $2.99792458 \times 10^8 \, \mathrm{ms^{-1}}$

② 光が真空中を1秒間に伝わる距離の$(2.99792458\times10^8)^{-1}$倍と定義する．

1.2 何らかの損失機構があり，$W - W_2$だけのエネルギーを吸収することができる場合には励起可能である．しかしそのような損失機構がなく，W_2とW_3の中間にエネルギー準位がまったくない場合には励起されない．

1.3 波長$\lambda = 0.5461 \, \mu\mathrm{m}$の光子のエネルギー$E$は，プランクの定数を$h$とすると

$$E = h\frac{c}{\lambda} = 6.626 \times 10^{-34} \times \frac{2.998 \times 10^8}{0.5461 \times 10^{-6}} = 3.638 \times 10^{-19} \, \mathrm{J}$$

このエネルギーを[eV]単位に変換すると

$$\frac{3.638 \times 10^{-19}}{1.602 \times 10^{-19}} = 2.271 \, \mathrm{eV}$$

また，1 eV 低いエネルギー準位へと遷移するときに放出される光の波長λ'は次式となる．

$$\lambda' = \frac{hc}{1\,[\mathrm{eV}]} = \frac{6.626 \times 10^{-34} \times 2.998 \times 10^8}{1.602 \times 10^{-19}} = 1.24 \times 10^{-6} \, \mathrm{m}$$
$$= 1.24 \, \mu\mathrm{m}$$

2.1 省略

2.2 省略（単位がΩとなることも忘れずに確かめること）

2.3 電界の方向を$\hat{x}$，磁界の方向を$\hat{y}$とすると伝搬方向は$\hat{z}$となる．時刻とともに正弦的に振動する電磁界の$z = z$における複素振幅ベクトルを$\boldsymbol{E}_0$, $\boldsymbol{H}_0$とする．式(2.43)の表現を用いて

$$(2.48)\text{の右辺} = \frac{1}{2}(\boldsymbol{E}_0 \times \boldsymbol{H}_0^*) \cdot \boldsymbol{n} = \frac{1}{2}(\hat{x}E_{x0}e^{i\phi} \times \hat{y}H_{y0}e^{-i\phi}) \cdot \boldsymbol{n}$$

$$= \frac{1}{2}E_{x0}H_{y0}\hat{z} \cdot \boldsymbol{n} = \frac{1}{2}\sqrt{\frac{\varepsilon}{\mu_0}}E_{x0}^2 \hat{z} \cdot \boldsymbol{n} = \frac{1}{2}\frac{\varepsilon}{\sqrt{\varepsilon\mu_0}}E_{x0}^2 \hat{z} \cdot \boldsymbol{n}$$

$$= \frac{1}{2}\varepsilon c E_{x0}^2 \cos\alpha = I = \text{式}(2.48)\text{の左辺}$$

ただし，最後のところで伝搬方向$\hat{z}$ ($\boldsymbol{E}_0 \times \boldsymbol{H}_0^*$の方向)と面の法線の方向$\boldsymbol{n}$のなす角を$\alpha$とし，また式(2.41)を用いた（導出終わり）．

2.4 省略

2.5 ① $\theta_2 = \sin^{-1}\left[\dfrac{n_1}{n_2}\sin\theta_1\right]$

② 得られる t の複 2 次式は，$t^4\sin^2\theta_1 - t^2 + \cos^2\theta_1 = 0$ これを t^2 について解いて $t = \pm\cot\theta_1$ を得る ($t=1$ は $n_1 = n_2$ のことであるから 2 乗したために入ってきた解で本来の解ではない)．t は明らかに正，また $\cot\theta_1$ も正なので解は $t = \cot\theta_1$ すなわち
$$\tan\theta_1 = n_2/n_1 \quad\therefore\quad \theta_1 = \tan^{-1}[n_2/n_1]$$

③ スネルの法則より屈折角は θ_1 となる．r_p の式中で，$n_1 \to n_2$, $n_2 \to n_1$, $\theta_1 \to \theta_2$, $\theta_2 \to \theta_1$ と入れ換えて，$r_p' = 0$ を得る．

④ ブルースタの法則

3.1 $(\text{左辺}) = C\displaystyle\int_{-a}^{a}\exp\left(-\dfrac{2\pi i x\xi}{\lambda z}\right)d\xi = C\left[-\dfrac{\lambda z}{2\pi i x}\exp\left(-\dfrac{2\pi i x\xi}{\lambda z}\right)\right]_{-a}^{a}$

$= -\dfrac{C\lambda z}{2\pi i x}\left\{\exp\left(-i\dfrac{2\pi x a}{\lambda z}\right) - \exp\left(+i\dfrac{2\pi x a}{\lambda z}\right)\right\}$

$= -\dfrac{C\lambda z}{2\pi i x}\left\{-2i\sin\left(+\dfrac{2\pi x a}{\lambda z}\right)\right\} = Ca\dfrac{2\sin\left(\dfrac{2\pi x a}{\lambda z}\right)}{\dfrac{2\pi x a}{\lambda z}}$

$= (\text{右辺})$ ただし，$U(0) = C2a$ とおいた．

3.2 フラウンホーファ回折積分の式 (3.11) を 1 次元の式に直したものは次式である．
$$U(x) = C\int_{-\infty}^{\infty}g(\xi)\exp\left(-\dfrac{2\pi i x\xi}{\lambda z}\right)d\xi$$

これに
$$g(\xi) = \begin{cases} 1 & (|\xi - \xi_0| \leq a) \\ 0 & (|\xi - \xi_0| > a) \end{cases}$$

を代入すると

$U(x) = C\displaystyle\int_{\xi_0 - a}^{\xi_0 + a}\exp\left(-\dfrac{2\pi i x\xi}{\lambda z}\right)d\xi$

$= C\left[i\dfrac{\lambda z}{2\pi x}\exp\left(-i\dfrac{2\pi x\xi}{\lambda z}\right)\right]_{\xi_0 - a}^{\xi_0 + a}$

$= Ci\dfrac{\lambda z}{2\pi x}\left\{\exp\left(-i\dfrac{2\pi x(\xi_0 + a)}{\lambda z}\right) - \exp\left(-i\dfrac{2\pi x(\xi_0 - a)}{\lambda z}\right)\right\}$

$= Ci\dfrac{\lambda z}{2\pi x}\exp\left(-i\dfrac{2\pi x\xi_0}{\lambda z}\right)\left\{\exp\left(-i\dfrac{2\pi x a}{\lambda z}\right) - \exp\left(+i\dfrac{2\pi x a}{\lambda z}\right)\right\}$

$= Ci\dfrac{\lambda z}{2\pi x}\exp\left(-i\dfrac{2\pi x\xi_0}{\lambda z}\right)\left(-2i\sin\dfrac{2\pi x a}{\lambda z}\right)$

$$= 2aC \frac{\sin\left(\frac{2\pi xa}{\lambda z}\right)}{\frac{2\pi xa}{\lambda z}} \exp\left(-i\frac{2\pi x\xi_0}{\lambda z}\right)$$

これが振幅分布である．また強度分布は上式の絶対値の2乗をとって

$$|U(x)|^2 = (2aC)^2 \frac{\sin^2\left(\frac{2\pi xa}{\lambda z}\right)}{\left(\frac{2\pi xa}{\lambda z}\right)^2}$$

である．

3.3 式(3.33)の積分変数 r を $R = r/a$ に変換する．

$$U(\rho, \phi) = 2\pi C \int_0^a J_0\left(\frac{2\pi r\rho}{\lambda z}\right) r dr$$

$$= 2\pi C \int_0^1 J_0\left(\frac{2\pi aR\rho}{\lambda z}\right) aRa dR = 2\pi Ca^2 \int_0^1 J_0\left(\frac{2\pi a\rho}{\lambda z}R\right) R dR$$

与えられた公式を用いると，α は $\frac{2\pi a\rho}{\lambda z}$ に相当するから

$$U(\rho, \phi) = 2\pi Ca^2 \frac{J_1\left(\frac{2\pi a\rho}{\lambda z}\right)}{\left(\frac{2\pi a\rho}{\lambda z}\right)}$$

新しく $\pi a^2 C = C''$ と置くと（比例定数の大きさは問題としていないので）

$$U(\rho, \phi) = C'' \frac{2J_1\left(\frac{2\pi a\rho}{\lambda z}\right)}{\left(\frac{2\pi a\rho}{\lambda z}\right)} \tag{3.34}$$

が証明された．

3.4 ① 式(3.39)に式(3.40)を適用するが，その第1ステップとして次の式を得る．

$$A^2 + B^2 = \left(\frac{1}{w_0^2}\right)^2 + \left(\frac{\pi}{\lambda z}\right)^2 = \left(\frac{\pi}{\lambda z}\right)^2 \left\{1 + \left(\frac{\lambda z}{\pi w_0^2}\right)^2\right\} = \left(\frac{\pi}{\lambda z}\right)^2 \left\{1 + \left(\frac{z}{z_0}\right)^2\right\}$$

$$= \left(\frac{\pi}{\lambda z}\right)^2 \frac{w^2(z)}{w_0^2}$$

$$AC^2 = \frac{1}{w_0^2}\left(-\frac{2\pi x}{\lambda z}\right)^2 = \left(\frac{\pi}{\lambda z}\right)^2 \frac{4}{w_0^2} x^2$$

$$BC^2 = \frac{\pi}{\lambda z}\left(-\frac{2\pi x}{\lambda z}\right)^2 = \left(\frac{\pi}{\lambda z}\right)^2 \frac{4\pi}{\lambda z} x^2$$

よって次式を得る．

$$-\frac{AC^2}{4(A^2+B^2)} = -\frac{1}{w^2(z)}x^2$$

$$-i\frac{BC^2}{4(A^2+B^2)} = -i\frac{\pi}{\lambda}\frac{1}{z\left(1+\frac{z^2}{z_0^2}\right)}x^2$$

したがって, $S(x)$ は次式となる.

$$S(x)$$
$$= \frac{\sqrt{\pi}}{\left\{\left(\frac{\pi}{\lambda z}\right)^2 \frac{w^2(z)}{w_0^2}\right\}^{1/4}} \exp\left\{-\frac{x^2}{w^2(z)}\right\} \exp\left\{-i\frac{\pi}{\lambda}\frac{x^2}{z\left(1+\frac{z^2}{z_0^2}\right)}\right\} \exp\left\{\frac{i}{2}\tan^{-1}\left(\frac{w_0^2\pi}{\lambda z}\right)\right\}$$

$$= \frac{\sqrt{\pi}}{\left\{\left(\frac{\pi}{\lambda z}\right)^2 \frac{w^2(z)}{w_0^2}\right\}^{1/4}} \exp\left\{-\frac{x^2}{w^2(z)}\right\} \exp\left\{-i\frac{\pi}{\lambda}\frac{\frac{z_0^2}{z^2}x^2}{z\left(1+\frac{z_0^2}{z^2}\right)}\right\} \exp\left\{\frac{i}{2}\tan^{-1}\left(\frac{z_0}{z}\right)\right\}$$

まったく同様に, $S(y)$ として上式において $x \to y$ とした式を得る.
これら $S(x)$, $S(y)$ と式(3.9)の C を用いると式(3.38)は

$$U(x, y)$$
$$= \frac{e^{ikz}}{z} \frac{\pi\sqrt{I_0}}{\frac{\pi}{\lambda z}\frac{w(z)}{w_0}} \exp\left\{-\frac{x^2+y^2}{w(z)^2}\right\}$$

$$\times \exp\left\{i\frac{\pi(x^2+y^2)}{\lambda z}\left(1-\frac{\frac{z_0^2}{z^2}}{1+\frac{z_0^2}{z^2}}\right)\right\} \exp\left\{i\tan^{-1}\left(\frac{z_0}{z}\right)\right\}$$

$$= \lambda e^{ikz}\sqrt{I_0}\frac{w_0}{w(z)}\exp\left\{-\frac{x^2+y^2}{w^2(z)}\right\}\exp\left\{i\frac{\pi(x^2+y^2)}{\lambda z}\frac{1}{1+\frac{z_0^2}{z^2}}\right\}\exp\left\{i\tan^{-1}\left(\frac{z_0}{z}\right)\right\}$$

$$= \lambda e^{ikz}\sqrt{I_0}\frac{w_0}{w(z)}\exp\left\{-\frac{x^2+y^2}{w^2(z)}\right\}\exp\left\{i\frac{\pi(x^2+y^2)}{\lambda\rho(z)}\right\}\exp\left\{i\tan^{-1}\left(\frac{z_0}{z}\right)\right\}$$

よって式(3.41)は導出された.

② 式(3.45)より

$$I(x, y) = |U(x, y)|^2 = I_0\left\{\frac{w_0}{w(z)}\right\}^2 \exp\left\{-\frac{2(x^2+y^2)}{w^2(z)}\right\}$$

であり, $x^2+y^2 = w^2(z)$ のとき, $I(x, y)/I(0, 0) = e^{-2}$ となる. すなわち軸上での強度の e^{-2} 倍となるのは, $r = \sqrt{x^2+y^2} = w(z)$ の半径の所である.

この半径 r は, $|z| \gg z_0$ のとき

$$r = w(z) = w_0\sqrt{1+\left(\frac{z}{z_0}\right)^2} \approx \frac{w_0}{z_0}z$$

すなわち，$\frac{r}{z}$ を $\tan\theta_0$ とおくと，$|z| \gg z_0$ において

$$\tan\theta_0 \cong \frac{w_0}{z_0} = \frac{\lambda w_0}{\pi w_0^2} = \frac{\lambda}{\pi w_0}$$

となって式 (3.46) を得る．

③ 波面の曲率半径 $R(z)$ は式 (3.44) で与えられている．

$$|R(z)| = \left|z\left(1 + \frac{z_0^2}{z^2}\right)\right| = \left|z_0\left(\frac{z}{z_0} + \frac{z_0}{z}\right)\right| \geq 2z_0$$

(等号は $z = \pm z_0$ のとき)

したがって，波面の曲率半径が最小になる位置は，$z = \pm z_0$ でその最小値は（正確には，絶対値の最小値）は $2z_0$ である．

3.5 レンズが十分には大きくない場合を，十分に大きい理想的な場合と比較する．数式上は式 (3.52) を導出するときの ξ と η に関する積分が $-\infty$ から $+\infty$ までではなく，有限な範囲に限られ，積分結果は δ 関数とはならなくなる．よって鮮明な像とはならなくなる．また，レンズを通過する光量が減少するため全体が暗くなる傾向をもつ．

3.6 $l = a + b$ とおいて l が最短となる条件を探す．ただし，実像 $(a > f)$ に限る．

$$\frac{1}{a} + \frac{1}{l-a} - \frac{1}{f} = 0 \;\; \text{より} \;\; l = \frac{-a^2}{f-a} = \frac{-f^2}{f-a} + a + f$$

よって，$\dfrac{dl}{da} = -\dfrac{f^2}{(f-a)^2} + 1$ を得る．

$\left.\dfrac{dl}{da}\right|_{a=2f} = 0$ なので $a = 2f$ を代入して

$$\frac{1}{b} = \frac{1}{f} - \frac{1}{2f} = \frac{1}{2f} \;\; \text{より} \;\; b = 2f$$

答．$a = b = 2f$ すなわち，$a + b = 4f$

4.1 被検物体あるいは被検面（図 4.2 には明示されていない）の実像を観測面につくり，被検物体あるいは被検面が存在する場所での干渉縞を観測するため．このようにすると被検物の形も同時に見ることができる．

4.2 A_1, A_2 は実数とする．

$$\begin{aligned}
(\text{左辺}) &= |A_1 \exp(i\phi_1) + A_2 \exp(i\phi_2)|^2 \\
&= |A_1 \cos\phi_1 + iA_1 \sin\phi_1 + A_2 \cos\phi_2 + iA_2 \sin\phi_2|^2 \\
&= (A_1 \cos\phi_1 + A_2 \cos\phi_2)^2 + (A_1 \sin\phi_1 + A_2 \sin\phi_2)^2 \\
&= A_1^2 + A_2^2 + 2A_1 A_2 \cos(\phi_1 - \phi_2) \\
&= (\text{右辺})
\end{aligned}$$

式 (4.8) の証明は略

演習問題の略解　**157**

4.3 A_1, A_2 は電界の振幅であるので正の実数である．したがって，
$$(A_1 - A_2)^2 \geq 0$$
を得る．よって
$$A_1{}^2 + A_2{}^2 \geq 2A_1A_2$$
となり，これを変形して
$$1 \geq \frac{2A_1A_2}{A_1{}^2 + A_2{}^2}$$
を得る．右辺はビジビリティ V であり，V が正であることは A_1A_2 が正であることから容易にわかる．よって，$0 \leq V \leq 1$ が証明された．

4.4 コーシー–シュワルツの不等式は
$$\left| \int_L \alpha g(\xi) h(\xi) d\xi \right|^2 \leq \int_L \alpha \, |g(\xi)|^2 d\xi \int_L \alpha \, |h(\xi)|^2 d\xi$$
である（参考文献 28. 参照）．この式に，$\alpha \to 1$, $\xi \to t$, $L \to [-T, T]$, $g(\xi) \to V_1(t+\tau)$, $h(\xi) \to V_2{}^*(t)$ を代入すると
$$\left| \int_{-T}^{T} V_1(\tau+t) V_2{}^*(t) dt \right|^2 \leq \int_{-T}^{T} |V_1(\tau+t)|^2 dt \int_{-T}^{T} |V_2{}^*(t)|^2 dt$$
となるので，さらに次式のように書き換えられる．
$$\left| \int_{-T}^{T} V_1(\tau+t) V_2{}^*(t) dt \right|^2 \leq \int_{-T}^{T} V_1(\tau+t) V_1{}^*(\tau+t) dt \int_{-T}^{T} V_2{}^*(t) V_2(t) dt$$
両辺を T^2 で割って $T \to \infty$ とし，右辺の最初の積分の時間はずらすことができるので，
$$|\langle V_1(\tau+t) V_2{}^*(t) \rangle|^2 \leq \langle V_1(t) V_1{}^*(t) \rangle \langle V_2(t) V_2{}^*(t) \rangle$$
を得る．したがって，
$$|\Gamma_{12}(\tau)|^2 \leq \Gamma_{11}(0) \Gamma_{22}(0)$$
を得る．結局，次式を得る．
$$|\gamma_{12}(\tau)| = \frac{\Gamma_{12}(\tau)}{\sqrt{\Gamma_{11}(0) \Gamma_{22}(0)}} \leq 1 \quad \text{（証明終わり）}$$

5.1 式(5.2)と式(5.3)を式(5.1)に代入し整理すると
$$X(\omega) = \frac{-(q/m)E}{(\omega_0 + \omega)(\omega_0 - \omega) + i\omega\sigma}$$
となる．$\omega \fallingdotseq \omega_0$ 付近の応答であるから，$\omega_0 + \omega \fallingdotseq 2\omega_0$ とおくと式(5.5)が得られる．

5.2 式(5.68)へ式(5.95)と式(5.97)を代入

5.3 式(5.100)と式(5.101)において，$m = p = 0$ とすれば，$E_x = E_y = 0$ となる．$H_x = H_y$ も同様である．したがって TE_{00} モードは存在しない．

5.4 TE_{10} モードの遮断波長 λ_{c10} は，式(5.103)で $m=1$, $p=0$ とおいて，

$\lambda_{c10} = 2a = 2 \times 22.9 = 45.8$ mm, したがって遮断周波数 f_{c10} は
$$f_{c10} = c_0/\lambda_{c10} = 3 \times 10^8/(45.8 \times 10^{-3}) = 6.55\,\text{GHz}$$
同様に，$\lambda_{c01} = 2b = 20.4$ mm, $f_{c01} = 14.7\,\text{GHz}$.

5.5 式 (5.107) において，$m = 1$, $p = 0$, $q = 1$ とおくと
$$f_0 = c_0/\lambda_0 = (3 \times 10^8/2)\sqrt{(1/22.9 \times 10^{-3})^2 + 0 + (1/34.3 \times 10^{-3})^2} = 7.88\,\text{GHz}$$

5.6 式 (5.118) を式 (5.117) に代入し，r に無関係に成立するとすれば
$$\left\{\frac{1}{q(z)}\right\}^2 + \left\{\frac{1}{q(z)}\right\}' = 0 \tag{1}$$
$$P'(z) = \frac{-i}{q(z)} \tag{2}$$
が得られる．それから関数 $s(z)$ を用い
$$\frac{1}{q(z)} = \frac{s'(z)}{s(z)} \tag{3}$$
のように表す．式 (3) を式 (1) に代入すると，$s''(z) = 0$, $s'(z) = a$ となり，$s(z) = az + b$ が得られる．ここで，a と b は任意定数．この結果を式 (3) に用いると
$$\frac{1}{q(z)} = \frac{a}{az + b} \tag{4}$$
となる．いま $b/a = q_0$ とおくと (q_0 は任意定数)
$$q(z) = z + q_0 \tag{5}$$
である．式 (2) と式 (5) から，$P'(z) = -i/(z + q_0)$ に留意し，積分定数を 0 とおいて
$$P(z) = -i\ln\left(1 + \frac{z}{q_0}\right) \tag{6}$$
が得られる．それで式 (5), (6) を式 (5.118) に代入すると
$$\psi = \exp\left[-i\left\{-i\ln\left(1 + \frac{z}{q_0}\right) + \frac{Kr^2}{2(z + q_0)}\right\}\right] \tag{7}$$
となる．光波のエネルギーが z 軸近傍にあると考えているから，q_0 を純虚数と仮定し，新しい定数 w_0 を用いて
$$q_0 = \frac{i\pi w_0^2}{\lambda} = iz_0 \tag{8}$$
とおく．ここで $\lambda = 2\pi/K$ であり
$$z_0 = \frac{\pi w_0^2}{\lambda} \tag{9}$$
とおいた．したがって，式 (7) の右辺の [ ] 内第 1 項と第 2 項は次式で表される．
$$\exp\left\{-\ln\left(1 + \frac{z}{q_0}\right)\right\} = \frac{1}{\exp\left[\ln\{1 - (iz/z_0)\}\right]}$$

$$= \frac{1}{\exp\{\ln\sqrt{1+(z/z_0)^2} - i\tan^{-1}(z/z_0)\}}$$

$$= \frac{1}{\sqrt{1+(z/z_0)^2}} \exp\{i\tan^{-1}(z/z_0)\} \quad (10)$$

$$\exp\left\{\frac{-iKr^2}{2(z+q_0)}\right\} = \exp\left\{\frac{-iKr^2}{2(z+iz_0)}\right\}$$

$$= \exp\left[\frac{-r^2}{w_0^2\{1+(z/z_0)^2\}} - \frac{iKr^2}{2z\{1+(z_0/z)^2\}}\right] \quad (11)$$

さらに，$w(z)$，$R(z)$ と $\phi(z)$ を式(5.120)，式(5.121)と式(5.122)のようにおくと，式(7)は式(5.119)で表される．さらに式(5.119)を式(5.116)へ代入して整理すると式(5.123)が得られる．

5.7 問 5.6 の式(9)から $z_0 = 0.79$ m．したがって，式(5.120)の $w(z)$ と式(5.121)の $R(z)$ に $z = 0 \sim 2$ m を代入して計算すると図問 5.1 になる．

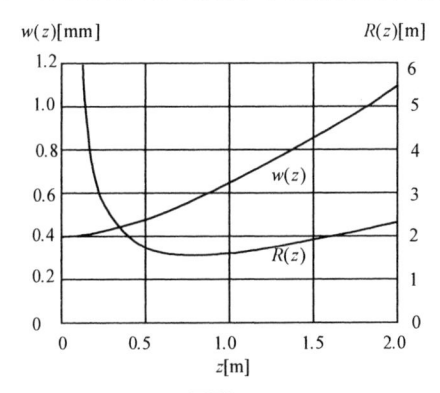

図問 5.1

5.8 光強度の減衰率を σ とおくと，電界の減衰率は $\sigma/2$ である．したがって，式(5.131)は次式となる．

$$e(t) = E_0 e^{\frac{-\sigma t}{2}} \cos\omega_q t = \frac{E_0}{2}\left[\exp\left\{i\left(\omega_q + i\frac{\sigma}{2}\right)t\right\} + \exp\left\{-i\left(\omega_q - i\frac{\sigma}{2}\right)t\right\}\right]$$

フーリエ変換すると次式になる．

$$E(\omega) = \frac{E_0}{2}\left\{\frac{i}{\omega_q - \omega + (i\sigma/2)} - \frac{i}{\omega_q + \omega - (i\sigma/2)}\right\}$$

$\omega \fallingdotseq \omega_q$ 付近ではカッコ内第 2 項は第 1 項に比べて省略できる．強度は，$|E(\omega)|^2$ に比例するから

$$|E(\omega)|^2 \propto \left|\frac{i}{\omega_q - \omega + (i\sigma/2)}\right|^2 = \frac{1}{(\omega - \omega_q)^2 + (\sigma/2)^2}$$

でありローレンツ形となる．$\omega = \omega_q + (\Delta\omega_w/2)$ とおくと

$$\frac{1}{\{\omega_q - \omega_q - (\Delta\omega_w)/2\}^2 + (\sigma/2)^2} = \frac{1}{2}\frac{1}{(\sigma/2)^2}$$

$$\therefore \Delta\omega_w = 2\pi\Delta f_w \quad \therefore \Delta f_w = \sigma/2\pi \qquad (5.133)$$

次に $g(f)$ は，式 (5.39) のように規格化されているから，A を未定係数とすれば

$$\int_{-\infty}^{\infty} \frac{A}{4\pi^2(f-f_q)^2 + \pi^2(\Delta f_w)^2} df = 1$$

したがって，$f - f_q = \theta,\ df = d\theta$ として積分すると，$A = 2\pi\Delta f_w$ となり，式 (5.132) が得られる．

5.9 式 (5.134) を用いると，$F = 150/0.995 \fallingdotseq 151$ となる．

5.10 式 (5.143) を用いて

$$(N_2 - N_1)_t = \frac{8\pi f_0^2 t_{sp}}{c^2 g(f_0)}(0 + 0.07) = \frac{8\pi \times t_{sp} \times 0.07}{(c/f_0)^2 g(f_0)}$$

$$= \frac{8\pi \times 10^{-7} \times 10^9 \times 0.07}{(0.6 \times 10^{-4})^2} \fallingdotseq 4.9 \times 10^{10}\ \text{cm}^{-3}$$

6.1 $\lambda = hc/E_g = 6.63 \times 10^{-34} \times 3 \times 10^8/(1.6 \times 10^{-19} \times 1.4) \fallingdotseq 0.89 \times 10^{-6}\ \text{m}$

$\fallingdotseq 0.89\ \mu\text{m}$

$E_g = hc/\lambda = 6.63 \times 10^{-34} \times 3 \times 10^8/(1.6 \times 10^{-19} \times 0.4 \times 10^{-6}) \fallingdotseq 3.1\ \text{eV}$

6.2 界面に垂直に入射するとして式 (2.80) または式 (2.81) を用い，$\theta_1 = \theta_2 = 0$ を式 (2.78) または式 (2.79) に代入して次式を得る．

$$(\text{反射率}) = \left|\frac{R_p}{A_p}\right|^2 = \left|\frac{n_1 - n_2}{n_1 + n_2}\right|^2 = \left|\frac{3.6-1}{3.6+1}\right|^2 \fallingdotseq 0.32 \quad 32\%$$

6.3 $\Delta f_q = \dfrac{c_0}{2nl} = \dfrac{3 \times 10^8}{(2 \times 3.6 \times 0.3 \times 10^{-3})} = 1.39 \times 10^{11}\ \text{Hz} = 139\ \text{GHz}$

$\lambda = \dfrac{c}{f}$ より，$\Delta\lambda = -\dfrac{c}{f^2}\Delta f = \dfrac{3 \times 10^8}{(340 \times 10^{12})^2} \times 139 \times 10^9 \fallingdotseq 0.36 \times 10^{-9}\ \text{m}$

$\fallingdotseq 0.36\ \text{nm}$

6.4 $\Gamma_t(f) = \alpha - \dfrac{1}{l}\ln(r_1 r_2) = 25 - \dfrac{1}{0.05}\ln\left(\dfrac{3.2-1}{3.2+1}\right)^2 = 68\ \text{cm}^{-1}$

$\exp\left[\{\Gamma_t(f) - \alpha\}l/2\right] = \exp\left[\dfrac{(68-25) \times 0.03}{2}\right] \fallingdotseq 1.9 \quad 1.9\ \text{倍}$

6.5 $\Lambda = \dfrac{2\pi\lambda_0}{2n_e} = \dfrac{2\pi \times 1.5 \times 10^{-6}}{2 \times 3.2} \fallingdotseq 1.5 \times 10^{-6}\ \text{m} = 1.5\ \mu\text{m}$

6.6 ① 入射光の周波数を f，電子の電荷を $-q$，APD の量子効率を Q，なだれ増倍率を M とすると光電流は

$$i = \frac{qQ}{hf}MP_s(1 + \cos\omega_M t)$$

② (平均信号電力成分) $= \overline{(電流の \omega_M 成分)^2} R = \left(\dfrac{qQ}{hf}MP_s\right)^2 \overline{\cos^2(\omega_M t)} R$

$\qquad\qquad\qquad\qquad = \left(\dfrac{qQ}{hf}MP_s\right)^2 \dfrac{R}{2}$

③ 熱雑音は M に無関係，ショット雑音は M^{2+x} で増加するから傾き $2+x$ の直線，信号電力は M^2 で増加するので傾き2の直線，したがって下図のようになる．

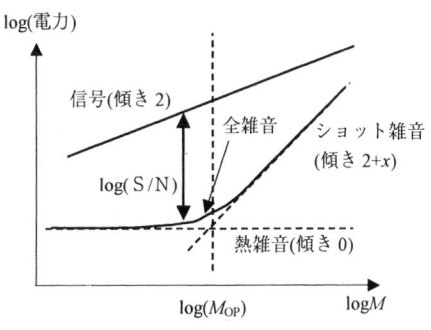

(図: log(電力) vs logM のグラフ — 信号(傾き2), ショット雑音(傾き 2+x), 熱雑音(傾き0), log(S/N), log(M_{OP}))

図問 6.6 APD の雑音と S/N 比

④ ショット雑音と熱雑音が等しくなるということは，全雑音は熱雑音の2倍ということである．よって

$\qquad$ (全雑音電力) $= 8k_B T_E B$

この電力が信号電力と等しいときの信号電力が $(P_s)_{\text{MIN}}$ であるから，

$\qquad 8k_B T_E B = \left[\dfrac{qQ}{hf}(P_s)_{\text{MIN}} m M_{\text{OP}}\right]^2 \dfrac{R}{2}$

が求められる．これを $(P_s)_{\text{MIN}}$ について解くと式 (6.46) が得られる．

6.7 ① 損失の合計は dB 単位で考えると

$\qquad 2 + 0.2 \times 50 + 0.5 + 7 + 0.5 = 20 \text{ dB}$

したがって光電力は，$10^{-\frac{20}{10}} = \dfrac{1}{100}$ に減衰する．

よってフォトダイオードに入射する電力は，$30 \mu\text{W}$．

② 1パルスの持続時間が1nsであるから，1パルスあたりのエネルギーは $30 \times 10^{-6} \times 10^{-9} = 3 \times 10^{-14}$ J．

③ 1個の光子の持つエネルギーは

$\qquad hf = \dfrac{hc}{\lambda} \fallingdotseq \dfrac{6.6 \times 10^{-34} \times 3 \times 10^8}{1.5 \times 10^{-6}} \fallingdotseq 1.32 \times 10^{-19}$ J

④ $n_e = Qn_p \fallingdotseq 0.4 \times \dfrac{3 \times 10^{-14}}{1.32 \times 10^{-19}} \fallingdotseq 0.91 \times 10^5$ 個

⑤ パルスの持続時間は，$T = 1\,\text{ns}$ であるから
$$i = \dfrac{qn_e}{T} \fallingdotseq \dfrac{1.6 \times 10^{-19} \times 0.91 \times 10^5}{10^{-9}} \fallingdotseq 1.5 \times 10^{-5}\,\text{A}$$

⑥ ON 時と OFF 時の持続時間が等しいので
$$\dfrac{1.5 \times 10^{-5} + 0}{2} = 0.75 \times 10^{-5}\,\text{A}$$

⑦ 熱雑音電力は $4k_B TB$ であるから
$$\overline{i_N} = \sqrt{\overline{i_N^2}} = \sqrt{\dfrac{4k_B TB}{R}} \fallingdotseq \sqrt{\dfrac{4 \times 1.4 \times 10^{-23} \times 300 \times 10^9}{50}} \fallingdotseq 5.8 \times 10^{-7}\,\text{A}$$

参考文献

1. M. Born and E. Wolf, *Principles of Optics*, 5th ed. Pergamon Press, 1975
2. 日置隆一編；光用語事典, オーム社, 1987
3. 上林利生, 貴堂靖昭；光エレクトロニクス, 森北出版, 1992
4. 西原浩, 裏升吾；光エレクトロニクス入門, コロナ社, 1997
5. 大槻義彦；*div*, *grad*, *rot*, …, 共立出版, 1997
6. 阿部寛治；図解による線形代数とベクトル解析, 培風館, 1996
7. 水俊久, 三原義男；マイクロ波工学, 東海大学出版会, 1967
8. 桜庭一郎；オプトエレクトロニクス入門, 森北出版, 1983
9. 桜庭一郎；レーザ工学, 森北出版, 1984
10. 末田正；光エレクトロニクス, 昭晃堂, 1985
11. 前田三男；量子エレクトロニクス, 昭晃堂, 1987
12. 福光於莵三；光エレクトロニクス入門, 昭晃堂, 1987
13. 高橋晴雄, 谷口匡；光電子工学の基礎, コロナ社, 1988
14. 島田潤一；光エレクトロニクス, 丸善, 1989
15. 藤岡和夫, 小原実, 齊藤英明；光・量子エレクトロニクス, コロナ社, 1991
16. 左貝潤一, 杉村陽；光エレクトロニクス, 朝倉書店, 1993
17. 沢新之輔, 里村裕, 岸岡清, 下代雅啓；光工学概論, 朝倉書店, 1995
18. 池田正幸編著；レーザ工学, オーム社, 1995
19. 沼居貴陽；半導体レーザ工学の基礎, 丸善, 1996
20. 富田康生；光波エレクトロニクス, 培風館, 1997
21. A. Yariv; *Optical Electronics*, 4th ed. p.510, Saunders College Publishing, 1991
22. 桜庭一郎；半導体デバイスの基礎, 森北出版, 1992
23. J. Singh: *Optoelectronics*, McGraw-Hill, 1996
24. 宮尾亘, 平田仁；光エレクトロニクスの基礎, 日本理工学出版会, 1999
25. 新井敏弘, 平井正光；光工学入門, 講談社, 1999
26. 吉村武晃；光情報工学の基礎, コロナ社, 2000
27. 日本工業標準調査会：レーザ製品の放射安全基準, JIS C 6802, 日本規格協会（1988制定）
28. Granino A. Korn, Theresa M. Korn: *Mathematical handbook for scientists and engineers*, Second, enlarged and revised ed., McGraw-Hill Book Company, 1968
29. 小出昭一郎；量子論, 裳華房, 1973
30. 小出昭一郎；量子力学（I）, （II）, 裳華房, 1972
31. 小出昭一郎；物性のはなし, 東京図書, 1988
32. 和田正信；放射の物理, 共立出版, 1982
33. 霜田光一；レーザー入門, 岩波書店, 1986

34. 霜田光一，桜井捷海；エレクトロニクスの基礎，裳華房，1989
35. 霜田光一，矢島達夫編；量子エレクトロニクス（上巻），裳華房，1972
36. A. Yariv 著　多田邦雄，神谷武志訳；光エレクトロニクスの基礎(原書3版)，丸善，1988
37. 田中俊一，末松安晴，大越孝敬共編；オプトエレクトロニクス用語事典，オーム社，1996

索　　引

〈あ 行〉

アクセプタ ……………………131
暗電流 …………………………133
位相 ………………………………20
1次元スリット ………………44
インコヒーレントな干渉 ……72
インコヒーレントな光 ………12
エアリーディスク ……………51
s偏光 ……………………………33
n形半導体 …………………10, 123
エネルギーギャップ …………123
エネルギー準位 …………………4
エネルギー準位図 ……………82
エネルギー帯 ……………………7
LPモード ……………………120
円形開口 ………………………49
円偏光 …………………………24
円偏波 …………………………24

〈か 行〉

開口 ……………………………39
開口関数 ………………………40
回折 ……………………………39
回折格子 ………………………46
回路の遮断周波数 ……………136
ガウス形スペクトル線 ………85
ガウスビーム …………………100
活性層 …………………………124
カットオフの厚さ ……………117
価電子帯 …………………7, 122
ガードリング …………………138
殻構造 ……………………………3
干渉縞 …………………………64
間接遷移 ………………………10
感度 ……………………………134

管内波長 ………………………97
規格化周波数 …………………121
帰還 ……………………………109
基底状態 ………………………82
基本モード ……………………97
逆バイアス電圧 ………………131
キャリヤ注入 …………………125
キャリヤ閉じ込め ……………124
吸収 ……………………………86
共振波長 ………………………98
強度 ……………………………26
曲率半径 ………………………102
虚像 ……………………………61
均一な広がり …………………85
禁止帯 …………………………123
禁制帯 ……………………7, 123
金属 ………………………………6
空間周波数 ……………………57
空間的干渉 ……………………66
空間的コヒーレンス …………73
空間的スペクトル ……………56
空間電荷層 ……………………132
空胴共振器 ……………………91
空乏層 …………………………131
矩形開口 ………………………48
グース・ヘンシェンシフト …32
屈折角 …………………………32
屈折光 …………………………29
屈折率 ……………………8, 20
屈折率導波形 …………………127
クラッド …………………113, 126
グレーデッド形 ………………119
結像 ……………………………58
結像の式 ………………………61
検出可能な信号光の最小値 …137
減衰時定数 ……………………84

コア	113
光子	11
光速度	2
降伏電圧	138
コヒーレンス	12
コヒーレントな干渉	72
コヒーレントな光	12

〈さ 行〉

再結合	125
最適増倍率	139
雑音	136
散弾雑音	136
磁界ベクトル	14
時間的干渉	66
しきい値	107
自然放出	12, 84
自然放出の寿命	84
自然放出の遷移率	84
磁束密度ベクトル	14
実像	61
弱導波近似	120
遮断	96
遮断規格化周波数	121
自由電子	6, 123
周波数	20
周波数プリング	108
シュレディンガーの波動方程式	81
準単色光	71
小信号利得	90
焦点距離	56
衝突電離	138
初期位相	20
進行波増幅	87
振動数	20
振動数条件	4
振幅	20
振幅透過率	35
振幅反射率	35
ステップ形光ファイバ	113, 118
ストライプ	126
スネルの法則	32
スポットサイズ	101
正弦波クロス格子	57
正孔	10, 123
絶縁体	6
接合容量	132
全反射	32
全反射臨界角	32
走行時間	135
走行時間による周波数応答	136
相互強度	74
相互コヒーレンス関数	69

〈た 行〉

だ円偏光	24
だ円偏波	24
縦モード	127
縦モードの間隔	99
ダブルヘテロ接合	124
多モードファイバ	118
単一縦モード	128
単一モードファイバ	118
単色光	20
注入形レーザ	125
直接遷移	10
直線偏光	24
直線偏波	24
直交性	96
TEMモード	102
TE奇モード	117
TE偶モード	115
TE波	93
TEモード	115
DSMレーザ	128
DFBレーザ	128
TM波	97
TMモード	115
DBRレーザ	128, 130
電位障壁	131
電界ベクトル	14
電磁スペクトル	1

電磁波 ……………………1, 14
電束密度ベクトル ………………14
伝導帯 ……………………7, 122
伝導電子 …………………………6
伝導電流 ………………………123
伝搬定数 ………………………19
電流密度 ………………………14
等位相面 ………………………20
等価屈折率 ……………………121
透過率 …………………………36
透磁率 …………………………15
動的単一モードレーザ ………128
特性距離 ………………………53
閉じ込め率 ……………………117
ドップラー幅 …………………85
ドナー …………………………132
トワイマン・グリーン干渉計 …64

〈な 行〉

なだれ降伏 ……………………138
なだれ増倍 ……………………138
なだれフォトダイオード …131, 138
2乗検波方式 …………………134
入射角 …………………………32
入射光 …………………………29
入射面 …………………………30
熱雑音 …………………………136
熱的光源 ………………………5

〈は 行〉

ハイブリッドモード …………120
薄肉レンズ ……………………55
波数 ……………………………19
波数ベクトル …………………21
波束 ……………………………11
波長 ……………………………20
波長応答特性 …………………134
波動インピーダンス …………22
波動ベクトル …………………21
波動方程式 ……………………17
バビネの原理 …………………45

波面 ……………………………20
パワースペクトル分布 ………56
反射角 …………………………32
反射光 …………………………29
反射率 …………………………36
半値全幅 …………………79, 84
反転分布 ………………………87
半導体 …………………………6
半導体レーザ …………………113
バンド構造 ……………………122
pinフォトダイオード …………135
p形半導体 …………………10, 124
p偏光 …………………………33
pn接合 …………………………131
光共振器 ………………………5
光共振器の Q …………………103
光スペクトル …………………2
光速度 …………………………18
光閉じ込め ……………………126
光の吸収 ………………………3
光の二重性 ……………………11
光の放出 ………………………3
光波 ……………………………14
光パワー ………………………26
光ファイバ ……………………113
光ヘテロダイン干渉 …………68
ビジビリティ …………………68
左円偏波 ………………………25
左回り円偏光 …………………25
非偏光 …………………………24
ビームウエスト ……………54, 101
ビーム発散角 …………………54
ファブリ・ペロー形共振器 …127
ファブリ・ペロー共振器 …91, 100
フィネス ………………………104
フォトダイオード ………113, 131
不均一な広がり ……………85, 127
複素コヒーレンス度 …………70
複素指数関数表示 ……………28
複素振幅 ………………………28
不純物半導体 …………………10

部分的にコヒーレントな干渉 ……………72
部分偏光 …………………………24
フラウンホーファ回折積分 ……………43
ブラッグ反射器 ……………………128
ブルースタ角 ………………………36
ブルースタの法則 ……………………36
プレーナ形光導波路 …………………113
プレーナ形誘電体光導波路 ……………113
フレネル回折積分 ……………………42
フレネルの公式 ………………………35
分光 ………………………………1
分布帰還形レーザ ……………………128
分布反射形レーザ ……………………128
平面波 ……………………………21,63
へき開 ……………………………127
へき開面 …………………………127
変形ベッセル ………………………120
ボーアの周波数条件 …………………82
方形空胴共振器 ………………………98
飽和強度 …………………………90
ホール ……………………………10
ボルツマン分布 ………………………83
ホール・バーニング …………………110
ポンピング電力 ………………………87

〈ま 行〉

マイクロ波 ………………………91
マクスウェルの方程式 …………………14
マッハツェンダー干渉計 ………………64
右円偏波 …………………………25
右回り円偏光 ………………………25
モード ……………………………96

〈や 行〉

誘電率 ……………………………15
誘導電流 …………………………132
誘導放出 …………………………5,12,86
横モード …………………………102,126
$\lambda/4$ シフト DFB レーザ ……………129

〈ら 行〉

利得係数 …………………………87
利得導波形 ………………………126
量子効率 …………………………133
臨界けい光 ………………………109
励起状態 …………………………82
レーザ ……………………………109
レーザ光 …………………………5
レート方程式 ………………………89
レンズの回折 ………………………55
ローレンツ形スペクトル線 ……………84

著者略歴

桜庭　一郎（さくらば・いちろう）
- 1927 年　札幌市に生まれる
- 1945 年　海軍兵学校卒業（第 74 期）
- 1949 年　北海道大学工学部卒業
- 1960 年　北海道大学工学部助教授
- 1963 年　ミシガン大学客員助教授
- 1965 年　北海道大学工学部教授
- 1975 年　文部省在外研究員（短期）としてサザンプトン大学，アイオワ大学およびミシガン大学で研究
- 1990 年　北海学園大学工学部教授（'98 年まで）
          北海道大学名誉教授（工学博士）
- 1996 年　著書「レーザ工学」（森北出版）で
          第 5 回日本工学教育協会著作賞を受賞
- 2007 年　逝去

高井　信勝（たかい・のぶかつ）
- 1944 年　札幌市に生まれる
- 1968 年　北海道大学大学院理学研究科修士課程（物理学専攻）修了
- 1968 年　北海道大学工学部助手
- 1980 年　北海道大学応用電気研究所助教授
- 1988 年　北海学園大学工学部教授
- 1991 年　北海学園大学大学院工学研究科教授
- 2014 年　北海学園大学名誉教授（工学博士）

三島　瑛人（みしま・てるひと）
- 1946 年　江別市に生まれる
- 1969 年　北海道大学工学部卒業
- 1974 年　北海道大学大学院工学研究科博士課程（電子工学専攻）修了
- 1974 年　北海道大学工学部講師
- 1976 年　北海道大学工学部助教授
- 1980 年　マニトバ大学（カナダ）工学部研究員
- 1988 年　北海道大学工学部教授
- 1995 年　北海道大学大学院工学研究科教授
- 2004 年　北海道大学大学院情報科学研究科教授
- 2010 年　北海道大学定年退職
          （工学博士）

光エレクトロニクスの基礎　Ⓒ 桜庭一郎・高井信勝・三島瑛人　2001

2001 年 3 月 19 日　第 1 版第 1 刷発行　【本書の無断転載を禁ず】
2018 年 6 月 30 日　第 1 版第 8 刷発行

著　者　桜庭一郎・高井信勝・三島瑛人
発行者　森北博巳
発行所　森北出版株式会社

東京都千代田区富士見 1-4-11（〒102-0071）
電話 03-3265-8341／FAX 03-3264-8709
http://www.morikita.co.jp/
日本書籍出版協会・自然科学書協会　会員
JCOPY ＜（社）出版者著作権管理機構　委託出版物＞

落丁・乱丁本はお取替え致します　　印刷・製本／創栄図書印刷

Printed in Japan／ISBN978-4-627-78351-5